W0398540

Dr. Jörn Mathesius

Kostenrechnung

herausgegeben
von

Dr. Jörn Mathesius

Vorwort

Das vorliegende Buch „Kostenrechnung“ ist als ein Lernbuch konzipiert worden und orientiert sich in erster Linie an dem Informationsbedürfnis der Studierenden an Fachhochschulen, Universitäten und der Fortzubildenden an Wirtschafts- und Verwaltungsakademien.

Die umfangreiche Stofffülle der Kostenrechnung wurde auf wesentliche Inhalte komprimiert, ohne jedoch die substanziellen Lerninhalte zu vernachlässigen. Hierbei habe ich meine Erfahrungen aus meinen Tätigkeiten in unterschiedlichen Prüfungskommissionen der Industrie- und Handelskammern und der Tätigkeit als Hochschullehrer einfließen lassen.

Durch die systematische und kompakte Darstellung und die zahlreichen veranschaulichenden Abbildungen und Beispiele wurde der Text lerngerecht aufbereitet. Die übersichtliche Darstellung erleichtert die Aufnahme von Wissen und fördert die Eigenschaft, sich auch schwierige Sachverhalte einzuprägen. Eine Vorbereitung auf Klausuren und Abschlussprüfungen kann mit Hilfe dieses Lernbuches zielgerichteter gestaltet werden. Ein ausführliches Stichwortverzeichnis am Ende des Textes ermöglicht dem Leser einen raschen Zugriff auf die gesuchten Informationen.

Wer schon einmal ein Buch geschrieben hat, der weiß, dass man so etwas nie alleine vollbringt. Darum gilt an dieser Stelle mein besonderer Dank wieder einmal meiner Mutter für die geduldige Durchsicht des Manuskriptes. Meinem Kollegen Dr. Karl-Heinz Steffen sage ich Dank für die zahlreichen fachlichen Diskussionen und wertvollen Anregungen. Bei Frau Diplom Verwaltungswirtin Kathrin Köppen bedanke ich mich für die Erstellung einiger Abbildungen und Textbeiträge. Alle Fehler, die trotz der Unterstützung im vorliegenden Text oder in den Berechnungen noch verblieben sein sollten, gehen natürlich ausschließlich zu meinen Lasten. Für ein Feedback und weitere Anregungen zur Optimierung der Lerninhalte bin ich sehr dankbar.

Dr. Jörn Mathesius, im Oktober 2009

COPYRIGHT: Richter-Verlag
Hans-Peter Richter
Paul-Schroeder-Straße 18
24229 Dänischenhagen
Tel. 04349-1725
Fax 04349-571
e-mail: RICHTER-VERLAG@t-online.de
Website: www.Richter-Verlag.de

Druck und Verarbeitung: Druckerei Schmidt & Klaunig, Kiel

Weitere Bücher dieser Reihe sind erhältlich über den Buchhandel oder direkt vom Verlag.

2. Auflage 2009 / 2010

ISBN 3-935150-60-1

ABBILDUNGSVERZEICHNIS VI

TABELLENVERZEICHNIS VIII

1. DAS BETRIEBLICHE RECHNUNGSWESEN 1

1.1 Aufgaben des betrieblichen Rechnungswesens 1
1.2 Teilgebiete des betrieblichen Rechnungswesens 2
1.3 Ziele der Kostenrechnung 4
1.4 Grundbegriffe der Kostenrechnung 6
1.4.1 Auszahlung - Einzahlung 6
1.4.2 Ausgabe - Einnahme 7
1.4.3 Aufwand - Ertrag 8
1.4.4 Kosten - Leistung 9

2. KOSTENRECHNUNGSSYSTEME IM ÜBERBLICK 11

2.1 Voll- und Teilkostenrechnung 12
2.2 Istkostenrechnung 13
2.3 Normalkostenrechnung 13
2.4 Plankostenrechnung 14
2.4.1 Starre Plankostenrechung 14
2.4.2 Flexible Plankostenrechnung 15
2.4.3 Grenzplankostenrechnung 16

3. KOSTENARTENRECHNUNG 18

3.1 Aufgaben der Kostenartenrechnung 18
3.2 Gliederung der Kostenarten 19
3.3 Verrechnungsbezogene Kosten 19
3.4 Beschäftigungsbezogene Kosten 20
3.5 Erfassung der wichtigsten Kostenarten 25
3.5.1 Materialkosten 26
3.5.1.1 Ermittlung der Materialverbrauchsmengen 26
3.5.1.2 Bewertung der Materialverbrauchsmengen 28
3.5.2 Personalkosten 31
3.5.3 Kalkulatorische Kosten 32
3.5.3.1 Kalkulatorische Abschreibung 33
3.5.3.2 Kalkulatorische Zinsen 39
3.5.3.3 Kalkulatorischer Unternehmerlohn 41
3.5.3.4 Kalkulatorische Miete 42
3.5.3.5 Kalkulatorisches Wagnis 42
3.5.4 Fremdleistungskosten 44

4. KOSTENSTELLENRECHNUNG ... 45

4.1 Aufgaben der Kostenstellenrechnung ... 45
4.2 Bildung der Kostenstellen ... 45
4.3 Der Betriebsabrechnungsbogen ... 48
4.3.1 Verteilung der primären Gemeinkosten ... 50
4.3.2 Verteilung der sekundären Gemeinkosten ... 51
4.3.2.1 Anbauverfahren (Blockumlage) ... 52
4.3.2.2 Stufenleiterverfahren (Treppenumlage) ... 53
4.3.2.3 Gleichungsverfahren ... 54
4.4 Ermittlung von Zuschlagssätzen ... 55

5. KOSTENTRÄGERRECHNUNG ... 58

5.1 Ziele und Funktion der Kostenträgerrechnung ... 59
5.2 Kostenträgerstückrechnung (Kalkulation) ... 60
5.2.1 Divisionskalkulation ... 61
5.2.1.1 Einstufige Divisionskalkulation ... 61
5.2.1.2 Zweistufige Divisionskalkulation ... 62
5.2.1.3 Mehrstufige Divisionskalkulation ... 63
5.2.2 Äquivalenzziffernkalkulation ... 64
5.2.2.1 Einstufige Äquivalenzzifferkalkulation ... 64
5.2.2.2 Mehrstufige Äquivalenzzifferkalkulation ... 65
5.2.3 Zuschlagskalkulation ... 67
5.2.3.1 Summarische Zuschlagskalkulation ... 68
5.2.3.2 Differenzierende Zuschlagskalkulation ... 68
5.2.3.3 Bezugsgrößenkalkulation ... 70
5.2.4 Kuppelkalkulation ... 71
5.2.4.1 Restwertrechnung ... 71
5.2.4.2 Verteilungsrechnung ... 72
5.3 Kostenträgerzeitrechnung ... 73
5.3.1 Gesamtkostenverfahren ... 74
5.3.2 Umsatzkostenverfahren ... 75

6. DECKUNGSBEITRAGSRECHNUNG ... 76

6.1 Mängel der Vollkostenrechnung ... 76
6.2 Verfahren der Kostenauflösung ... 77
6.2.1 Buchhalterische Methode ... 77
6.2.2 Mathematische Methode ... 77
6.2.3 Statistisch-graphische Methode ... 79
6.3 Verfahren der Teilkostenrechnung ... 80
6.3.1 Einstufiger Deckungsbeitrag ... 81
6.3.2 Mehrstufiger Deckungsbeitrag ... 82

6.4 Anwendungsbereiche der Deckungsbeitragsrechnung 83
6.4.1 Break- even-Analyse 83
6.4.2 Bestimmung von Preisuntergrenzen 86
6.4.2.1 Kostenbestimmte Preisuntergrenze 87
6.4.2.2 Erfolgsbestimmte Preisuntergrenze 88
6.4.2.3 Liquiditätsbestimmte Preisuntergrenze 89
6.4.3 Ermittlung des optimalen Produktionsprogramms 89
6.4.4 Eigenfertigung oder Fremdbezug 91
6.4.5 Annahme von Zusatzaufträgen 92

LITERATURVERZEICHNIS 93

STICHWORTVERZEICHNIS 95

Abbildungsverzeichnis

Abb. 1.1: Aufgaben des betrieblichen Rechnungswesens ... 1
Abb. 1.2: Teilgebiete des betrieblichen Rechnungswesens ... 2
Abb. 1.3: Ausgewählte Merkmale von Teilgebieten des Rechnungswesens ... 3
Abb. 1.4: Stufen der Kostenverrechnung ... 4
Abb. 1.5: Unterteilung in Kosten- / und Leistungsrechnung ... 5
Abb. 1.6: Stromgrößen ... 8
Abb. 1.7: Herkunft der Kosten ... 10
Abb. 2.1: Arten der Kostenrechnungssysteme ... 11
Abb. 2.2: Kostenrechnungssysteme nach ihrem Zeitbezug ... 12
Abb. 2.3: Arten der Plankostenrechnung ... 14
Abb. 3.1: Aufgaben der Kostenartenrechnung ... 18
Abb. 3.2: Zurechenbarkeit der Kosten ... 20
Abb. 3.3: Abhängigkeit der Kosten von der Beschäftigung ... 20
Abb. 3.4: Verhältnis Einzel- und Gemeinkosten, variable und fixe Kosten ... 21
Abb. 3.5: Erfassung der wichtigsten Kostenarten ... 25
Abb. 3.6: Methoden zur Ermittlung der Verbrauchsmengen ... 26
Abb. 3.7: Bewertung der Verbrauchsmengen ... 29
Abb. 3.8: Aufteilung der Personalkosten ... 31
Abb. 3.9: Verrechnung der Personalkosten ... 32
Abb. 3.10: Kalkulatorische Kosten ... 33
Abb. 3.11: Berechnung der kalkulatorischen Abschreibung ... 34
Abb. 3.12: Entwicklung der Zinsen bei der Restwertverzinsung ... 40
Abb. 3.13: Entwicklung der Zinsen bei der Durchschnittswertverzinsung ... 41
Abb. 3.14: Formen der Wagnisse ... 42
Abb. 4.1: Unterteilung der Kostenstellen ... 46
Abb. 4.2: Kostenstellen mit einseitigen Leistungsbeziehungen ... 48
Abb. 4.3: Kostenstellen mit wechselseitigen Leistungsbeziehungen ... 48
Abb. 4.4: Formaler Aufbau des Betriebsabrechnungsbogens ... 49
Abb. 4.5: Verteilung der primären Gemeinkosten ... 50
Abb. 4.6: Mengen- und Wertschlüssel ... 50
Abb. 4.7: Verfahren der innerbetrieblichen Leistungsverrechnung ... 52
Abb. 4.8: Kostenverrechnung nach dem Anbauverfahren ... 53
Abb. 4.9: Kostenverrechnung nach dem Treppen-/Stufenleiterverfahren ... 53
Abb. 4.10: Kostenverrechnung nach den Gleichungsverfahren ... 55
Abb. 5.1: Kalkulationsformen ... 58
Abb. 5.2: Kostenträgerrechnung ... 59
Abb. 5.3: Arten der Kostenträger ... 60
Abb. 5.4: Divisionskalkulation ... 61

Abb. 5.5: Äquivalenzziffernkalkulation 64
Abb. 5.6: Zuschlagskalkulation 67
Abb. 5.7: Kuppelkalkulation 71
Abb. 5.8: Kostenträgerzeitrechnung 74
Abb. 5.9: Gesamtkosten- / Umsatzkostenverfahren 74
Abb. 6.1: Kostenremanenz 77
Abb. 6.2: Gesamtkostenverlauf 78
Abb. 6.3: Streupunktdiagramm mit Ausgleichgeraden 79
Abb. 6.4: Teilkostenrechnungssysteme 80
Abb. 6.5: Anwendungsbereiche der Deckungsbeitragsrechnung 83
Abb. 6.6: Break-even-Analyse 84
Abb. 6.7: Verschiebungen des Break-even-Umsatzes bei Preissenkung 85
Abb. 6.8: Verschiebungen des Break-even-Umsatzes bei Erhöhung von K_{fix} .. 85
Abb. 6.9: Verschiebungen des Break-even-Umsatzes bei Senkung von k_{var} ... 86
Abb. 6.10: Arten von Preisuntergrenzen 86
Abb. 6.11: Kostenbestimmte Preisuntergrenze 87
Abb. 6.12: Erfolgsbestimmte Preisuntergrenze 88
Abb. 6.13: Arten der Produktionsprogrammplanung 89
Abb. 6.14: Eigenfertigung oder Fremdbezug 91

Tabellenverzeichnis

Tab. 1.1: Matrix der Rechnungsebenen und Stromgrößen 6
Tab. 1.2: Erläuterungen und Beispiel für die Stromgrößen 9
Tab. 3.1: Absolut fixer Gesamtkostenverlauf 23
Tab. 3.2. Intervallfixer Gesamtkostenverlauf 23
Tab. 3.3: Proportionaler Gesamtkostenverlauf 24
Tab. 3.4: Degressiver Gesamtkostenverlauf 24
Tab. 3.5: Progressiver Gesamtkostenverlauf 25
Tab. 3.6: Einzelwagnisse- Wagnisart und Bezugsgrößen 43
Tab. 4.1: Arbeitsschritte im Betriebsabrechnungsbogen 49
Tab. 5.1: Fertigungsmethoden und Kalkulationsverfahren 60
Tab. 5.2: Schema zur differenzierenden Zuschlagskalkulation 69
Tab. 6.1: Deckungsbeitragsrechnung 76
Tab. 6.2. Stückbezogener Deckungsbeitrag 81

1. Das betriebliche Rechnungswesen

Das betriebliche Rechnungswesen ist das Informationssystem der Unternehmung. In ihm wird das gesamte Unternehmensgeschehen abgebildet, insbesondere der Beschaffungsvorgang der Betriebsmittel und Werkstoffe, die Produktion der Güter und Dienstleistungen und deren Absatz und die Entlohnung der menschlichen Arbeitsleistungen.

1.1 Aufgaben des betrieblichen Rechnungswesens

Die Aufgaben des betrieblichen Rechnungswesens gliedern sich in drei Bereiche:

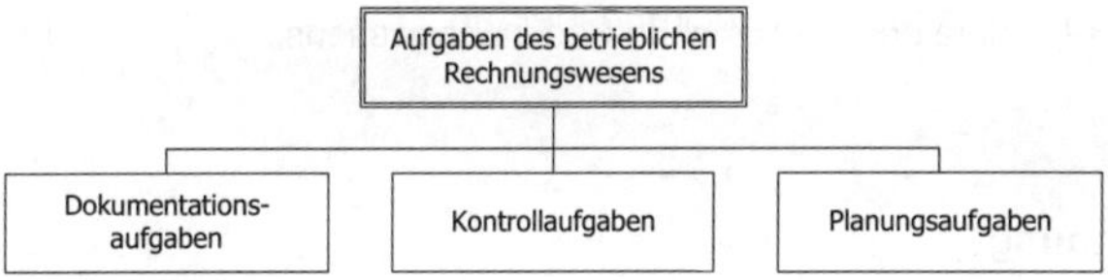

Abb. 1.1: Aufgaben des betrieblichen Rechnungswesens

- **Dokumentationsaufgabe**
  Alle Geschäftsfälle müssen zeitlich und sachlich geordnet erfasst werden. Das betriebliche Rechnungswesen hat gegenüber externen Adressaten die Aufgabe der Rechenschaftslegung über die Vermögens-, Finanz- und Ertrags- bzw. Erfolgslage des Unternehmens. Zur Rechenschaftslegung kann das Unternehmen durch handels- und/oder steuerrechtliche Vorschriften (z.B. HGB, AO, EstG) oder vertragliche Vereinbarungen verpflichtet sein. Der nach handels- und/oder steuerrechtlichen Vorschriften ermittelte Erfolg dient externen Adressaten (z.B. Finanzamt, Sozialversicherungsträgern, Gläubigern) und Arbeitnehmern als Information.

- **Kontrollaufgaben**
  Die Kontrollaufgabe des Rechnungswesens besteht in der Untersuchung von Soll- / Ist-Abweichungen durch das Management. Kontrollaufgaben in der Kostenrechnung betreffen in erster Linie die Wirtschaftlichkeitskontrolle und die Überwachung des unternehmerischen Erfolges.

- **Planungsaufgaben (Dispositionsaufgaben)**
  Die Planungsaufgabe besteht in der Bereitstellung von Informationen für die Planung bzw. Dispositionen des Managements. Hierbei verbindet sich die Planungsaufgabe auf kurz-, mittel- und langfristige Entscheidungen mit allen Teilbereichen der Unternehmung.

1.2 Teilgebiete des betrieblichen Rechnungswesens

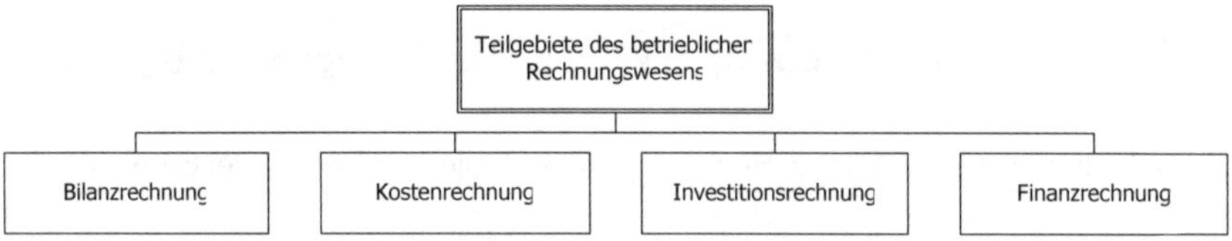

Abb. 1.2: Teilgebiete des betrieblichen Rechnungswesens

- **Bilanzrechnung**
  In der Bilanzrechnung wird das Vermögen (Mittelverwendung) und das Kapital (Mittelherkunft) abgebildet und der Periodenerfolg des Unternehmens ermittelt. Dies geschieht zum einen durch die stichtagsbezogene Aufstellung des Vermögens und der Schulden in einer zeitpunktbezogenen Beständerechnung (Bilanz) sowie durch die Saldierung von Aufwendungen und Erträgen in einer zeitraumbezogenen Bewegungsrechnung (Gewinn- und Verlustrechnung). Als Rechnungsgrößen dienen Aufwendungen und Erträge. Der Erfolg ist nach handels- und/oder steuerrechtlichen Vorschriften zu ermitteln und dient externen Adressaten als Information (externes Rechnungswesen). Aus der Bilanzrechnung werden auch Ansprüche gegenüber dem Unternehmen abgeleitet. So ist der nach handelsrechtlichen Vorschriften ermittelte Erfolg die Grundlage für die Gewinnansprüche der Eigentümer und der mithilfe der Steuerbilanz ermittelte Erfolg bildet die Bemessungsgrundlage für die Höhe der Steuerschuld.

- **Kostenrechnung**
  Das Ziel der Kostenrechnung ist wie in der Bilanzrechnung die Ermittlung des Periodenerfolges. Darüber hinaus soll der Stückerfolg der gefertigten Güter und Dienstleistungen ermittelt werden. Adressat dieser Rechnung ist die Unternehmungsführung (internes Rechnungswesen). Die Erfolgsgröße ergibt sich

somit nicht aus den handels- und/oder steuerrechtlichen Vorschriften. Die Vorgehensweise zur Erfolgsermittlung wird hierbei vielmehr durch das Unternehmen selbst festgelegt. Als Rechnungsgrößen dienen Kosten und Leistungen.

- **Investitionsrechnung**

  Das Rechnungsziel der dynamischen Investitionsrechnung bildet ebenfalls der Erfolg. In Abgrenzung zu den bisher genannten Rechnungen handelt es sich hierbei jedoch um eine mehrperiodige Erfolgsgröße. (z.B. den Kapitalwert, die Annuität oder den internen Zinsfuß). Adressat dieser Rechnung ist die Unternehmungsführung. Als Rechnungsgrößen dienen Ein- und Auszahlungen.

- **Finanzrechnung**

  Mithilfe der Finanzrechnung soll die jederzeitige Zahlungsfähigkeit (Liquidität) des Unternehmens gewährleistet werden. Die Gewährleistung der Liquidität ist eine notwendige Nebenbedingung im Zielsystem der Unternehmung. Illiquidität ist ein allgemeiner Insolvenzgrund.[1] In der gesetzlich nicht vorgeschriebenen Finanzrechnung werden prognostizierte Ein- und Auszahlungen einer Periode gegenübergestellt. Die Unternehmungsführung ist der interne Adressat der Finanzrechnung. Als Rechnungsgrößen dienen Ein- und Auszahlungen.

Teilgebiete	**Bilanzrechnung**		**Kosten-Leistungs-rechnung**	**Investitions-rechnung**	**Finanz-rechnung**
Rechnungsmerkmale	**Bilanz**	**Gewinn- und Verlustrechnung**			
Rechnungsziel	Periodenerfolg	Periodenerfolg	Stückerfolg, Periodenerfolg	mehrperiodiger Erfolg	Liquidität
Rechnungsgröße	Vermögen Schulden	Aufwendungen Erträge	Kosten Leistungen	Auszahlungen Einzahlungen	Auszahlungen Einzahlungen
Gesetzliche Grundlagen	Handels- und Steuerrecht	Handels- und Steuerrecht	Grds. keine, aber Ausnahmen	keine	keine
Empfänger	Extern	Extern	Intern	Intern	Intern

Abb. 1.3: Ausgewählte Merkmale von Teilgebieten des Rechnungswesens[2]

[1] Vgl. § 17 InsO
[2] HABERSTOCK (2002), S. 12.

1.3 Ziele der Kostenrechnung

Die Kostenrechnung vollzieht sich in drei aufeinander aufbauenden Stufen:

Kostenverrechnung →		
I. Kostenartenrechnung	**II. Kostenstellenrechnung**	**III. Kostenträgerrechnung**
Welche Kosten sind entstanden?	Wo sind die Kosten entstanden?	Welche Kosten sind den zu erstellenden Produkten zuzurechnen ?

Abb. 1.4: Stufen der Kostenverrechnung

- **Kostenartenrechnung**
  Sie dient der Erfassung und Gliederung aller im Laufe der jeweiligen Abrechnungsperiode angefallenen Kostenarten.

- **Kostenstellenrechnung**
  Anhand der Kostenstellenrechnung werden die Kosten auf die verschiedenen Betriebsbereiche (Kostenstellen), in denen sie auch angefallen sind, verteilt,. Die Verteilung wird mit Hilfe des so genannten Betriebsabrechnungsbogens vorgenommen. Die Kostenstellenrechnung dient der Kostenkontrolle und der betrieblichen Erfolgsmessung.

- **Kostenträgerrechnung**
  Die Kostenträgerrechnung unterteilt man in die Kostenträgerstückrechnung und die Kostenträgerzeitrechnung. Die Kostenträgerstückrechnung (Kalkulation, Stückkostenrechnung, Selbstkostenrechnung) hat die Aufgabe, für alle erstellten Güter und Dienstleistungen (Kostenträger, interne und externe Produkte) die Stückkosten zu ermitteln. Die Kostenträgerzeitrechnung ist eine Periodenrechnung. Mit ihr werden die insgesamt angefallenen Kosten einer Abrechnungsperiode und ihre Verteilung auf die Kostenträger vorgenommen.

Eine der wesentlichsten Aufgaben der Kostenrechnung ist die Bereitstellung von Informationen zur Betriebsteuerung. Beispielhaft lassen sich folgende Entscheidungsfelder nennen:

Ermittlung von Steuerungsinformationen

- zum Ressourcenverbrauch in abgegrenzten Betriebseinheiten und -prozessen in den verschiedenen Zeithorizonten
- zur Erstellung von Angebotspreisen
- zur Ermittlung von Preisunter- und -obergrenzen, Preiskontrolle
- zur Ermittlung von innerbetrieblichen Verrechnungspreisen
- zur Ermittlung von Stück- und Periodenkosten von Leistungen
- zur Ermittlung zeitnaher Steuerungsinformationen (in der Regel Monat bzw. Quartal)
- zur Kontrolle und Analyse der Kosten (Sichtbarmachen der Kostenstruktur)
- zur Planung, Normierung und Begrenzung von Kosten (Aufstellen von Sollgrößen)
- für Zeit- und Soll-Ist-Vergleiche (Analyse von Abweichungsursachen)
- für die Kontrolle der Wirtschaftlichkeit (Kennziffernbildung)
- für die kurzfristige Betriebsergebnisermittlung (Erfolgskontrolle)
- für die Wahl der Vertriebsmethode, des zu bevorzugenden Kundenkreises und der Absatzwege
- für die Wahl zwischen verschiedenen Bezugsquellen oder Beschaffungswegen
- zu Programm- und Verfahrensentscheidungen (make-or-buy-Entscheidungen, gewinnoptimierte Zusammensetzung des Leistungsprogramms, Lieferantenauswahl, Beschaffungsstrategien etc.)

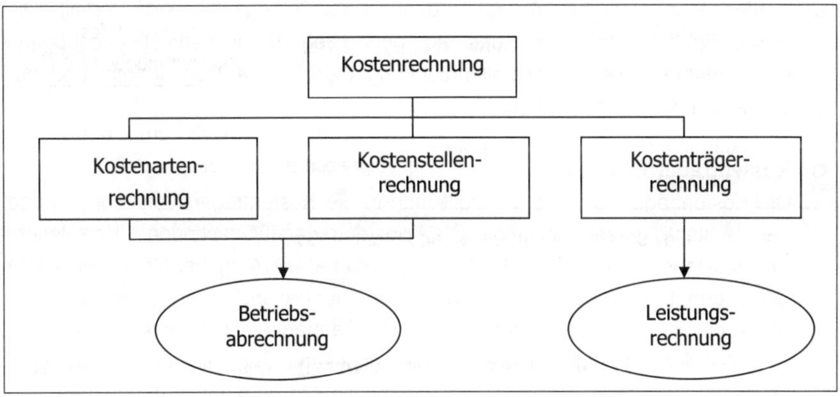

Abb. 1.5: Unterteilung in Kosten- / und Leistungsrechnung

1.4 Grundbegriffe der Kostenrechnung

In der internen und externen Erfolgsrechnung wird mit unterschiedlichen ökonomischen Größen (Stromgrößen) gearbeitet. Da diese Begrifflichkeiten in der Umgangssprache fast synonym verwendet werden, ist es zwingend, dass diese Begriffe abgegrenzt werden. Je nachdem auf welcher Ebene der internen und externen Erfolgsrechnung Veränderungen durch die Stromgrößen hervorgerufen wurden, unterscheidet man zwischen Auszahlungen, Einzahlungen, Ausgaben, Einnahmen, Aufwänden, Erträgen, Kosten und Leistungen (Betriebsertrag).[3]

Bestände und ihre Komponenten		**Abstrom**	**Zustrom**	**Bestands-veränderungen**
Unternehmensebene	Kassenbestand + Bankguthaben = Zahlungsmittel-bestand	Auszahlung	Einzahlung	Veränderung des Zahlungsmittelbestands
Unternehmensebene	+ Forderungen - Verbindlichkeiten = Geldvermögen	Ausgabe	Einnahme	Veränderung des Geldvermögens
Unternehmensebene	+ Sachvermögen = Reinvermögen	Aufwand	Ertrag	Veränderung des Reinvermögens
Betriebs-ebene	Betriebsnotwendiges (kalkulatorisches) Vermögen	Kosten	Leistung (Betriebsertrag)	Veränderung des Betriebserfolges

Tab. 1.1: Matrix der Rechnungsebenen und Stromgrößen

1.4.1 Auszahlung - Einzahlung

- **Auszahlung (Einzahlung)**
  Verringert (bzw. erhöht) sich der Zahlungsmittelbestand durch den Geschäftsfall, so liegt eine Auszahlung (bzw. Einzahlung) vor.
  - Beispiele für Auszahlungen: Barkäufe, Barentnahmen und Vorauszahlungen

---

[3] Vgl. EISELE (1998), S. 621.

an Lieferanten.

- Beispiele für Einzahlungen: Barverkäufe, Bareinnahmen und Vorauszahlungen von Kunden.

Beispiel:			
Barkauf von Waren in Höhe von 30			
		vorher	nachher
Kassenbestand		40	***10***
+	Bankguthaben	+ 50	+ 50
=	Zahlungsmittelbestand	= 90	= ***60***

Durch den Geschäftsfall sinkt der Kassenbestand und letztlich der Zahlungsmittelbestand von 90 auf 60. Es liegt diesem Geschäftsfall eine Auszahlung zugrunde.

1.4.2 Ausgabe - Einnahme

- **Ausgabe (Einnahme)**
  Verringert (bzw. erhöht) sich das Geldvermögen durch einen Geschäftsfall, so liegt eine Ausgabe (bzw. eine Einnahme) vor.

Beispiel:			
Kauf von Waren in Höhe von 30 auf Ziel.			
		vorher	nachher
Kassenbestand		40	40
+	Bankguthaben	+ 50	+ 50
=	Zahlungsmittelbestand	= 90	= 90
+	Forderungen	+ 20	+ 20
-	Verbindlichkeiten	- 10	***- 40***
=	Geldvermögen	= 100	= ***70***

Durch den Geschäftsfall steigen die Verbindlichkeiten an und es verringert sich hierdurch das Geldvermögen von 100 auf 70. Dieser Geschäftsfall ist folglich eine Ausgabe.

1.4.3 Aufwand - Ertrag

- **Aufwand (Ertrag)**
  Verringert (bzw. erhöht) sich das Reinvermögen durch einen Geschäftsfall, so liegt ein Aufwand vor.

Beispiel:

Abschreibungen auf das Anlagevermögen in Höhe von 40.

		vorher	nachher
Kassenbestand		40	40
+	Bankguthaben	+ 50	+ 50
=	Zahlungsmittelbestand	= 90	= 90
+	Forderungen	+ 20	+ 20
-	Verbindlichkeiten	- 10	- 10
=	Geldvermögen	= 100	= 100
+	Sachvermögen	+ 400	***+ 360***
=	Reinvermögen	= 500	***= 460***

Zwischen den einzelnen Stromgrößen können entweder zeitliche und/oder wertmäßige Unterschiede bestehen. Die folgende Zeichnung stellt diese Schnittmenge grafisch für die Auszahlung, Ausgabe und Aufwand dar.

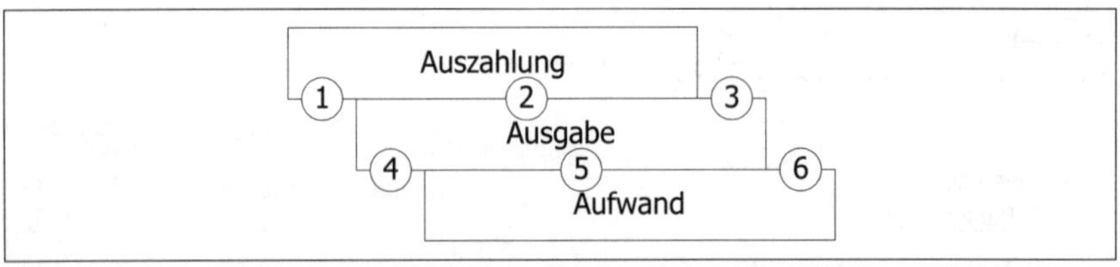

Abb. 1.6: Stromgrößen

Nr.	Erläuterung	Beispiel
1	Auszahlung aber keine Ausgabe	Bezahlung von Verbindlichkeiten
2	Auszahlung und Ausgabe	Bareinkauf von Waren
3	Ausgabe aber keine Auszahlung	Zieleinkauf von Waren
4	Auszahlung, Ausgabe aber kein Aufwand	Zugang von Waren auf das Lager (Aufwand später)
5	Auszahlung, Ausgabe und Aufwand	Überweisung der Gehälter
6	Aufwand aber keine Ausgabe und keine Auszahlung	Abschreibung auf das Anlagevermögen

Tab. 1.2: Erläuterungen und Beispiel für die Stromgrößen

1.4.4 Kosten - Leistung

- **Kosten (Leistung)**
  Bewerteter Verbrauch von Gütern und Dienstleistungen, die für die Erstellung und Verwertung der betrieblichen Leistungen erforderlich sind.

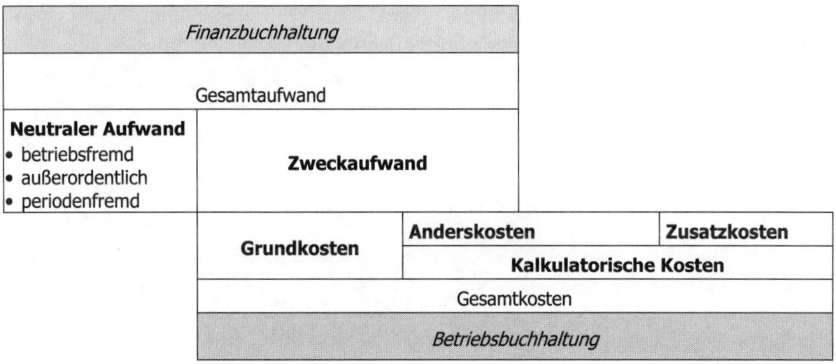

- **Herkunft der Kosten**

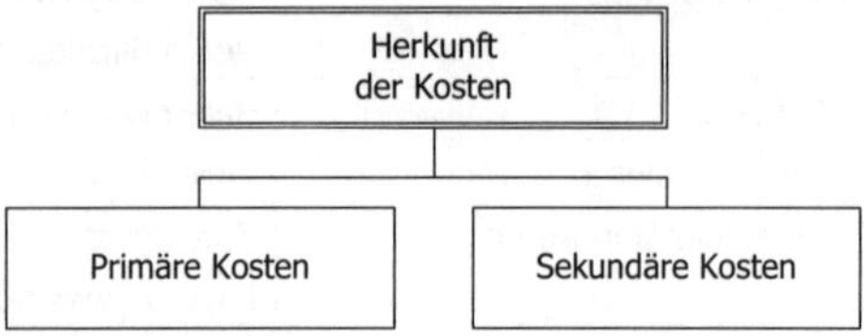

Abb. 1.7: Herkunft der Kosten

- **Primäre Kosten**
  Sie beziffern den Verbrauch von Gütern und Leistungen, die der Betrieb von außen erhalten hat (z.B. Gehälter, Strom, etc.).

- **Sekundäre Kosten**
  Sie beziffern den Verzehr von Gütern und Leistungen, die der Betrieb selbst erstellt. Sie bewerten die innerbetrieblichen Leistungen (z.B. Kosten für den Hausmeister, die EDV-Abteilung, die Personalabteilung etc.).

2. Kostenrechnungssysteme im Überblick

Kostenrechnungssysteme sind Systeme, die die Kosten nach vorgegebenen, an den Aufgaben der Kostenrechnung ausgerichteten Regeln erfassen, speichern und auswerten. Die Vielschichtigkeit der Planungs-, Kontroll- und Dokumentationsaufgaben der Kostenrechnung hat damit zwangsläufig zur Folge, dass mit einem Kostenrechnungssystem nicht alle Aufgaben gleichzeitig erfüllt werden können.

Die Bestimmung von Vorgabe- bzw. Sollgrößen ist notwendig für die Ermittlung der relevanten Kosten, die die Geschäftsleitung zur Erfüllung ihrer dispositiven Aufgaben benötigt. Der Aufgabenschwerpunkt der Kostenrechnung ist somit die Herleitung von Kosten- und Erlösinformationen zur Vorbereitung von unternehmerischen Entscheidungen.

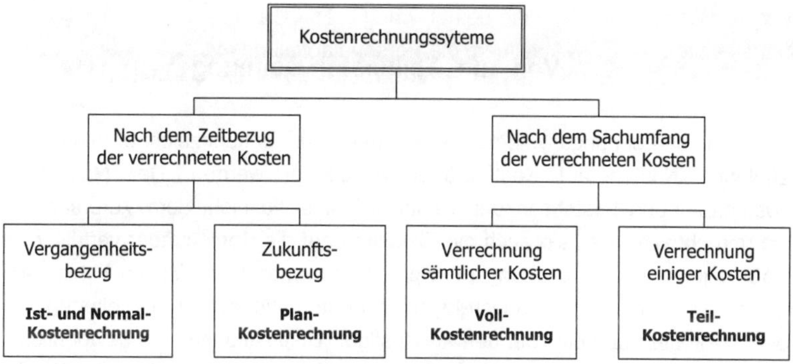

Abb. 2.1: Arten der Kostenrechnungssysteme

Man unterscheidet Kostenrechnungssysteme in zweifacher Hinsicht:

Nach dem Sachumfang der auf die Kostenträger verrechneten Kosten in:
- Vollkostenrechnungssysteme,
- Teilkostenrechnungssysteme

Nach dem Zeitbezug der verrechneten Kosten in:
- Istkostenrechnungssysteme,
- Normalkostenrechnungssysteme,
- Plankostenrechnungssysteme.

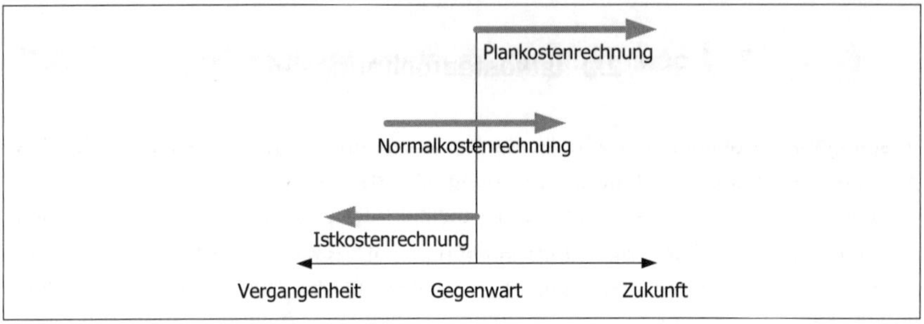

Abb. 2.2: Kostenrechnungssysteme nach ihrem Zeitbezug

Zur Beschreibung eines Kostenrechnungssystems ist eine Kombination dieser beiden Kriterien erforderlich, wobei sich sechs Möglichkeiten ergeben könnten. Eine Normalkostenrechnung kann ebenso wie eine Ist- oder Plankostenrechnung als Voll- oder als Teilkostenrechnung aufgebaut sein.

2.1 Voll- und Teilkostenrechnung

Die Vollkostenrechnungssysteme sind dadurch gekennzeichnet, dass alle angefallenen Kosten auf Kostenträger verrechnet werden. Der Nachteil der Vollkostenrechnung besteht in der Tatsache, dass sie nicht dem Verursachungsprinzip gerecht wird, weil sie auch die Fixkosten auf die Kostenträger verteilt. Dieser Verstoß gegen das Verursachungsprinzip kann zu unternehmerischen Fehlentscheidungen führen. Die entscheidungsrelevanten Kosten stimmen nur in seltenen Fällen mit den Vollkosten überein. Bei den kurzfristigen Dispositionen sind gewöhnlich nur die variablen Kosten relevant, während die Beurteilung und Beeinflussung der fixen Kosten i.d.R. eine längerfristige Betrachtung erforderlich machten.

Teilkostenrechnungssysteme hingegen verrechnen nur beschäftigungsabhängige Kosten (variable Kosten) auf die Kostenträger und die übrigen Teile (fixe Kosten) werden auf anderem Weg in das Betriebsergebnis übernommen (direct costing). Unterstellt man einen linearen Kostenverlauf, so sind die auf die Kostenträger verrechneten Kosten identisch mit den Grenzkosten. Teilkostenrechnungssysteme können (hinsichtlich ihres Zeitbezugs) sowohl auf Ist- als auch auf Normal- oder Plankosten beruhen. Die direkten Kosten werden unmittelbar, die variablen Gemeinkosten mittelbar über die Kostenstellenrechung auf die Kostenträger kalkuliert. In Abhängigkeit von der Behandlung der Fixkosten differenziert man einstufige und mehrstufige Verrechnungssysteme.

2.2 Istkostenrechnung

In einer Istkostenrechnung auf Vollkostenbasis werden von der Kostenarten- über die Kostenstellen- bis zur Kostenträgerrechnung alle tatsächlich angefallenen Kosten der Periode verrechnet. Istkosten sind dabei definiert als effektive Kosten, d.h. es sind die mit Ist-Preisen (Anschaffungspreisen) bewerteten Ist-Verbrauchsmengen. Zufällige Schwankungen der Preise (z.B. veränderte Rohstoffpreise aufgrund veränderter Börsenlagen) und Mengen (defekte Anlagen mit erhöhtem Energieverbrauch usw.) wirken sich in vollem Umfang auf die Ergebnisse der Rechnungen aus. Gleiches gilt für Schwankungen in der Beschäftigungslage, da fixe Kosten in die Rechnungen eingehen. Die Istkostenrechnung bildet den Erfolg ab und dient als Nachkalkulation der nachträglichen Selbstkostenermittlung. Ihr Hauptzweck ist jedoch die Darlegung der effektiven Kosten einer Kostenstelle oder eines Kostenträgers.

Die Istkostenrechnungssysteme auf Teilkostenbasis (direct costing) bieten bessere Informationen für betriebliche Entscheidungen. Mit den variablen Istkosten sind die Kosten bekannt, die zusätzlich durch die Produktion eines Erzeugnisses entstehen bzw. eingespart werden können, wenn auf die Produktion verzichtet wird. Preisuntergrenzen können bei der Beurteilung von Zusatzaufträgen oder bei der Wahl zwischen Eigen- und Fremdfertigung hilfreich sein.

Der wesentliche Nachteil der Istkostenrechnung liegt in der fehlenden Möglichkeit der Kostenkontrolle, da keine Sollgrößen als Richtwerte zur Verfügung stehen. Zwar können mit Hilfe der Istkosten innerbetriebliche Zeitvergleiche oder zwischenbetriebliche Vergleiche vorgenommen werden, doch ist eine wirksame Kontrolle der Wirtschaftlichkeit hiermit nicht möglich.

2.3 Normalkostenrechnung

Als Normalkosten werden solche Kosten bezeichnet, die sich als Durchschnitt der Istkosten vergangener Perioden ergeben haben. Eine Normalisierung der Kosten wird sowohl für die Preise als auch für die Mengen/Beschäftigung durchgeführt. Dabei wird teilweise von der statischen Vergangenheit abgewichen und es werden bekannte aktuelle oder zukünftige Preisänderungen (z.B. durch tarifliche Lohn- und Gehaltsabsprachen) mit berücksichtigt.

2.4 Plankostenrechnung

Die Plankostenrechnung dient in erster Linie der Betriebskontrolle. Hierzu verwendet man einen Soll-Ist-Vergleich, in dem die tatsächlich angefallenen Istkosten an Maßstabswerten gemessen werden, die bei wirtschaftlicher Arbeitsweise nicht überschritten werden sollten (Sollkosten). Diese Maßstabswerte für wirtschaftliches Arbeiten werden im Soll-Ist-Vergleich aus den Plankosten abgeleitet. Diese wiederum werden nach ganz bestimmten Kriterien ermittelt und haben nur für den Punkt der Planbeschäftigung Vorgabecharakter. Plankosten sind demzufolge Vorgabekosten mit Normcharakter unter der Voraussetzung der Planbeschäftigung. Die Plankostenrechnungssysteme unterteilt man in eine starre und eine flexible Form.

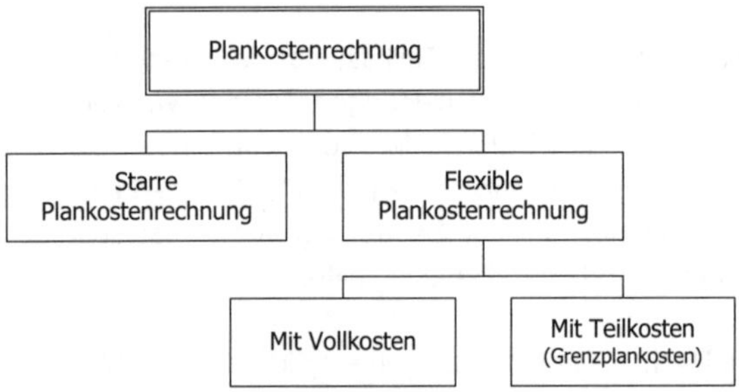

Abb. 2.3: Arten der Plankostenrechnung

2.4.1 Starre Plankostenrechung

Bei der starren Plankostenrechnung werden die geplanten Kosten nur für die Planbeschäftigung festgelegt und nicht auf die jeweilige Istbeschäftigung umgerechnet. Der Plankostenverrechnungssatz für jede Kostenstelle ergibt sich, indem man die Plankosten durch die Planausbringungsmenge dividiert. Er ist Grundlage der innerbetrieblichen Leistungsverrechnung, der anschließenden Kostenträgerrechnung und damit der kurzfristigen Erfolgsrechnung. Das Produkt aus Plankostenverrechnungssatz und Istbeschäftigung ergibt die so genannten verrechneten Plankosten. Da die starre Plankostenrechnung keine Unterscheidung zwischen fixen und variablen Kosten kennt, ist sie stets eine Vollkostenrechnung.

Beispiel:	
Planbeschäftigung:	400 Std.
Plankosten:	12.000,-
Istbeschäftigung:	300 Std.
Istkosten:	11.000,-

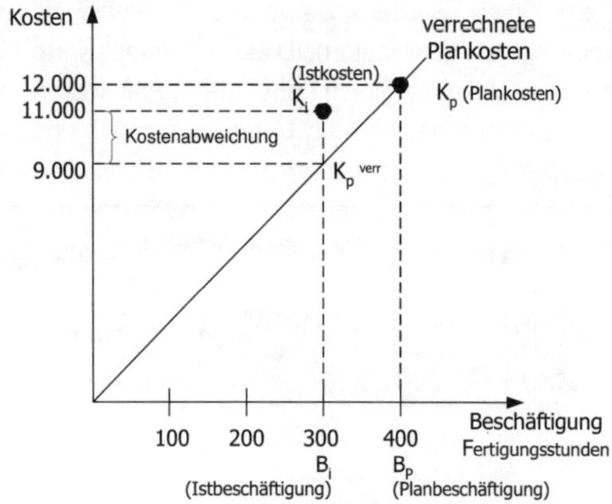

Plankostensatz = $\frac{K_p}{B_p} = \frac{12.000,-}{400 \text{ Std.}}$ = 30,- pro Std.

verrechnete Plankosten = $\frac{K_p}{B_p} * B_i$ = 30,- * 300 Std. = 9.000,-

Kostenabweichung = $K_i - K_p^{verr}$ = 11.000 – 9.000 = 2.000,-

2.4.2 Flexible Plankostenrechnung

Bei der flexiblen Plankostenrechnung auf Basis von Vollkosten wird die Aufteilung der Kosten in fixe und proportionale Anteile nur zur Kostenkontrolle vorgenommen. Für die Kalkulation und die darauf aufbauende kurzfristige Erfolgsrechnung werden die Kalkulationssätze gebildet. Hierzu werden die gesamten Plankosten durch die Planbeschäftigung dividiert. Somit werden insgesamt die verrechneten Plankosten auf die Kostenträger weiterverrechnet.

Die flexible Plankostenrechnung ermöglicht zum Zwecke der Kostenkontrolle Abweichungsanalysen. So ist neben einer Preisabweichung, die bereits in der Kostenartenrechnung durch den Vergleich von Plan- und Istpreisen errechnet worden ist, eine Verbrauchs- und eine Beschäftigungsabweichung messbar. Die Verbrauchsabweichung misst die Differenz von Istkosten (zu Planpreisen) und den

Sollkosten. Gleichzeitig entsteht die Beschäftigungsabweichung als Differenz zwischen den Sollkosten und den verrechneten Plankosten, da bei der Verrechnung der Plankosten auch der Fixkostenblock als variabel angesehen wird.

Beispiel:

Planbeschäftigung:	400 Std.
Plankosten:	12.000,-
Istbeschäftigung:	300 Std.
Istkosten:	11.000,-
Fixe Plankosten:	4.000,-
Variabler Plankostensatz:	20,-

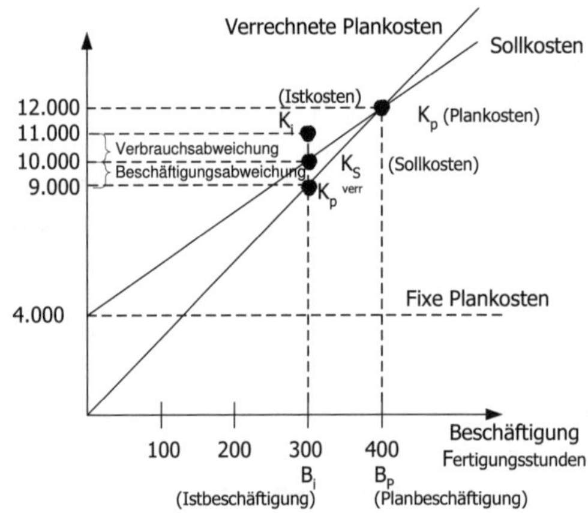

Sollkosten = fixe Plankosten + variabler Plankostensatz * Istbeschäftigung

Sollkosten = 4.000 + 20 * 300 = 10.000,-

Verbrauchsabweichung = $K_i - K_S$ = 11.000 – 10.000 = 1.000,-

Beschäftigungsabweichung = $K_S - K_p^{verr}$ = 10.000 – 9.000 = 1.000,-

2.4.3 Grenzplankostenrechnung

Sowohl in der Kostenstellenrechnung als auch in der Kostenträgerrechnung wird bei der Grenzplankostenrechnung ausdrücklich eine Trennung zwischen fixen und variablen Kostenbestandteilen vorgenommen. In ihrem Aufbau entspricht die Kostenstellenrechnung weitest gehend der auf Vollkosten basierenden flexiblen Plankostenrechnung. Anders als dort wird für die einzelnen Kostenstellen jedoch eine nach fixen und variablen Kosten differenzierte Kostenplanung vorgenommen.

Die fixen Kosten werden als Periodenkosten in einem Stück vorgegeben, also nicht auf die einzelnen Leistungseinheiten weiterverrechnet. Ausschließlich für die variablen Kosten werden Plankosten als Sollkosten geschätzt. Daraus lässt sich ableiten, dass die Grenzplankostenrechnung keine Beschäftigungsabweichung ermitteln kann und lediglich die Verbrauchsabweichung als Differenz zwischen Soll- und Istkosten ausweist. Diese Abweichungsart kann dann durch weiter gehende Analysen wieder untergliedert (Verfahrensabweichung, Qualitätsabweichung etc.) werden.

Beispiel:

Planbeschäftigung:	400 Std.
Variable Plankosten:	8.000,-
Istbeschäftigung:	300 Std.
Variable Istkosten:	7.500,-

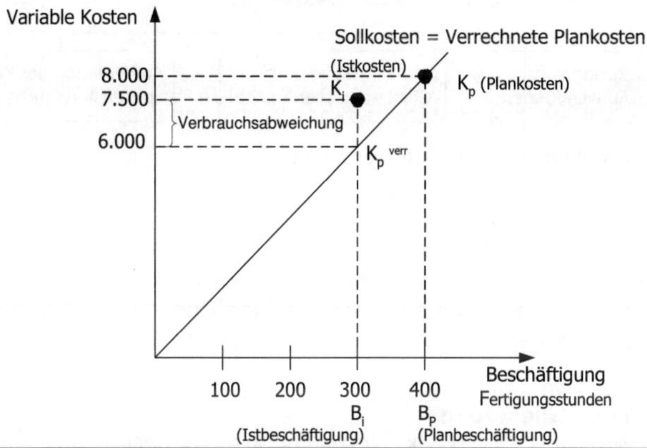

$$\text{Sollkosten} = \text{variable Plankosten} * \frac{\text{Istbeschäftigung}}{\text{Planbeschäftigung}}$$

$$\text{Sollkosten} = 8.000 * \frac{300 \text{ Std.}}{400 \text{ Std.}} = 6.000$$

3. Kostenartenrechnung

Die Kostenartenrechnung ist die Grundlage der gesamten Kostenrechnung. Sie stellt folglich die erste Stufe eines Kostenrechnungssystems dar.

3.1 Aufgaben der Kostenartenrechnung

Die zentrale Frage, die die Kostenartenrechnung beantwortet ist:

- Welche Kosten sind angefallen?

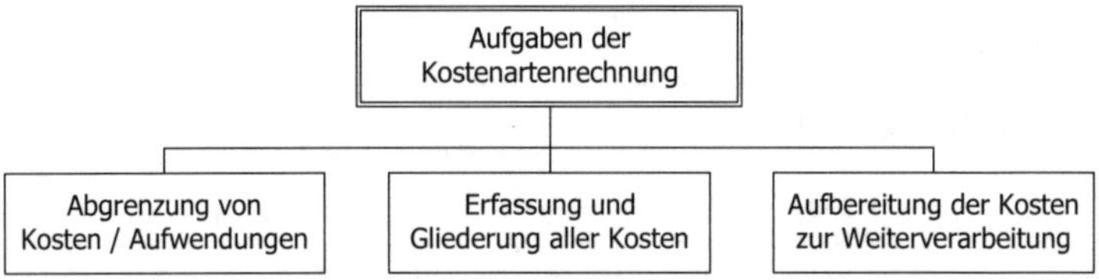

Abb. 3.1: Aufgaben der Kostenartenrechnung

- **Abgrenzung**
  Neutrale Aufwendungen werden eliminiert und Zusatzkosten kalkuliert. (Siehe Abgrenzungsrechnung)

- **Erfassung und Gliederung**
  Sämtliche Kosten, die in der Abrechnungsperiode angefallen sind, werden für die verursachungsgerechte Weiterverrechnung erfasst und in überschneidungsfreie Kategorien gegliedert. Die Kostenartenrechnung ist keine besondere Art der Rechnung, sondern lediglich eine geordnete Erfassung der Kosten.

- **Aufbereitung der Kosten**
  Die Kosten werden aufbereitet, um sie zum Zwecke der Entscheidungsvorbereitung, z.B. in der Kostenstellenrechnung, in der Kostenträgerrechnung oder der Deckungsbeitragsrechnung zu nutzen.

3.2 Gliederung der Kostenarten

Die Gliederung der Kosten kann nach ganz unterschiedlichen Kriterien erfolgen. Bei der Systematisierung der Kostenarten jedoch sind zwei Grundsätze zu beachten:

- **Grundsatz der Reinheit**
  Die anfallenden Kosten können nur dann zweifelsfrei zugeordnet werden, wenn für den Inhalt einer Kostenart nur eine Kostengüterart bestimmend ist (saubere Kosten). Z.B. fallen unter „Personalkosten“ Löhne, Gehälter, Sozialabgaben etc.. Bei so genannten „Mischkosten“ handelt es sich um "unsaubere Kosten", hier erfolgt keine eindeutige Trennung.

- **Grundsatz der Einheitlichkeit**
  Damit eine Vergleichbarkeit der Ergebnisse der Kostenrechnung sichergestellt ist, müssen die gleichen Kosten auch grundsätzlich der gleichen Kostenart zugeordnet werden.

- **Grundsatz der Vollständigkeit**
  Es müssen alle Kosten in die Kostenartenrechnung aufgenommen werden, die auch Kosteneigenschaften des verwendeten Kostenbegriffs erfüllen.

- **Grundsatz der Wirtschaftlichkeit**
  Die Differenzierung der Kostenarten muss so vorgenommen werden, dass die Grundsätze der Reinheit, Einheitlichkeit und Vollständigkeit in ökonomisch sinnvoller Weise erfüllt werden. Je mehr die Grundsätze der Reinheit, Einheitlichkeit und Vollständigkeit erfüllt sind, desto aufwendiger wird auch die Kostenerfassung. Hier ist also in ökonomisch sinnvoller Weise abzuwägen.

3.3 Verrechnungsbezogene Kosten

In der Kostenrechnung unterscheidet man dahin gehend, ob die Kosten einem Kostenträger bzw. einer Kostenstelle direkt zugeordnet werden können (Einzelkosten bzw. direkte Kosten) oder ob die Zuordnung der Kosten nur mit Hilfe von Verteilungsschlüsseln bzw. Zuschlagssätzen erfolgen kann (Gemeinkosten bzw. indirekte Kosten).

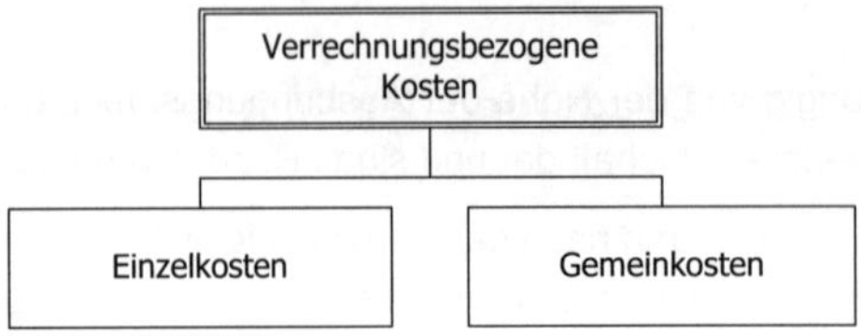

Abb. 3.2: Zurechenbarkeit der Kosten

- **Kostenstellenzuordnung**
  - **Kostenstelleneinzelkosten**
    Sie lassen sich einer Kostenstelle unmittelbar zurechnen, sind jedoch Gemeinkosten in Bezug auf die Kostenträger.
  - **Kostenstellengemeinkosten**
    Sie werden durch mehrere Kostenstellen oder alle gemeinsam verursacht und sind daher den einzelnen Kostenstellen nur auf dem Wege von Umlageverfahren, d.h. mit Hilfe von Verteilungsschlüsseln zurechenbar.
- **Kostenträgerzuordnung**
  - **Kostenträgereinzelkosten**
    Sie lassen sich einem Kostenträger (Produkt) unmittelbar zurechnen.
  - **Kostenträgergemeinkosten**
    Sie werden durch mehrere oder alle Kostenträger gemeinsam verursacht und sind daher den einzelnen Kostenstellen bzw. Produkten nur auf dem Wege von Umlageverfahren, d.h. mit Hilfe von Verteilungsschlüsseln, zurechenbar.

3.4 Beschäftigungsbezogene Kosten

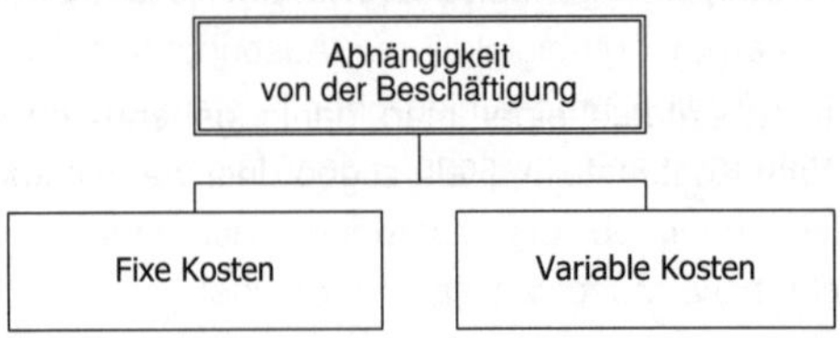

Abb. 3.3: Abhängigkeit der Kosten von der Beschäftigung

- **Fixe Kosten**
  Sie sind unabhängig von der Höhe der Ausbringungsmenge. Sie stellen also die Kosten der Betriebsbereitschaft dar und sind i.R. zeitraumbezogen.

- **Variable Kosten**
  Sie hängen unmittelbar von der Ausbringungsmenge ab. Sie variieren folglich mit der Veränderung der Beschäftigungslage.

Das Verhältnis zwischen einerseits Einzel- und Gemeinkosten und andererseits variablen und fixen Kosten lässt sich anhand der folgenden Abbildung darstellen:

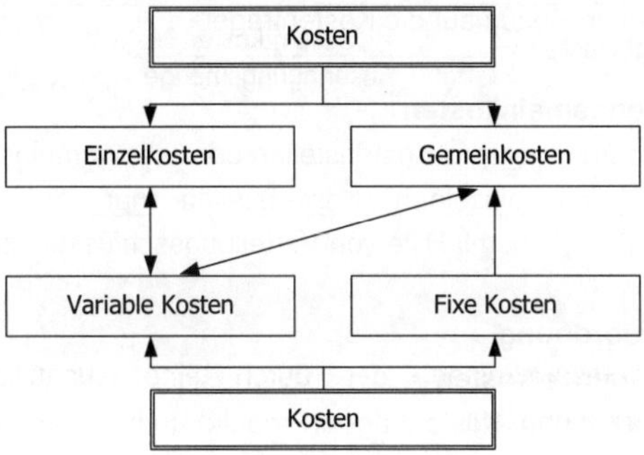

Abb. 3.4: Verhältnis Einzel- und Gemeinkosten, variable und fixe Kosten[4]

- Einzelkosten sind immer variable Kosten.
- Gemeinkosten können sowohl variable als auch fixe Kosten darstellen.
- Variable Kosten können sowohl Gemeinkosten als auch Einzelkosten darstellen.
- Fixe Kosten sind immer Gemeinkosten.

Die Unterscheidung zwischen variablen und fixen Kosten begründet sich in der Veränderung der Kosten in Abhängigkeit zur Ausbringungsmenge (x). So ergeben sich variable und fixe Kosten unterschiedlicher Kostenverläufe (Kostenfunktionen). Bei den Kostenverläufen kann zwischen den folgenden Kosten unterschieden werden:

[4] HABERSTOCK (2002), S. 58.

- **Gesamtkosten**
  Sie beinhalten alle Kosten, die in einer Periode in einem Unternehmen zur Erstellung der betrieblichen Leistung angefallen sind.

$$\text{Gesamtkosten} = \text{Fixe Kosten} + \text{Variable Kosten}$$

$$K = K_{fix} + K_{var}$$

- **Durchschnittskosten**
  Kosten pro Ausbringungsmenge, auch Stückkosten

$$\text{Durchschnittskosten} = \frac{\text{Gesamtkosten}}{\text{Ausbringungsmenge}}$$

$$k = \frac{K}{x}$$

- **Grenzkosten**
  Zuwachs der Gesamtkosten, der durch eine zusätzliche Einheit der Ausbringungsmenge entsteht.

$$\text{Grenzkosten} = \frac{\text{Veränderung der Gesamtkosten}}{\text{Veränderung der Ausbringungsmenge}}$$

$$K' = \frac{dK}{dx}$$

Absolut fixe Kosten			
Ausbringungs-menge	Gesamtkosten	Durchschnittskosten	Grenzkosten
x	K	$k = \frac{K}{x}$	$K' = \frac{dK}{dx}$
0	100	0	0
1	100	100	0
2	100	50	0
3	100	33,33	0
4	100	25	0
5	100	20	0
	konstant 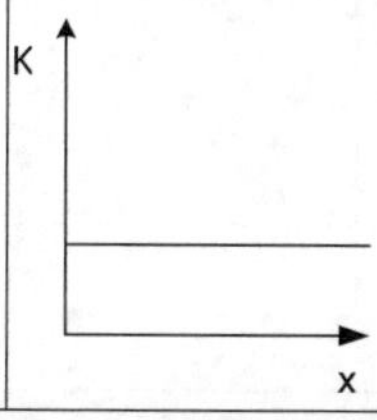	degressiv 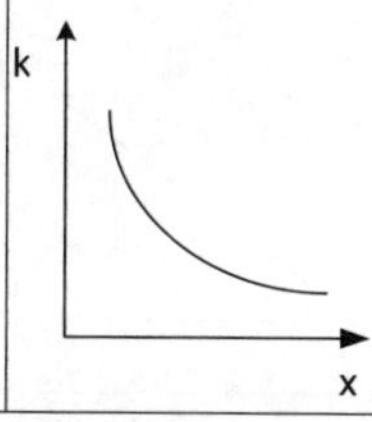	Null 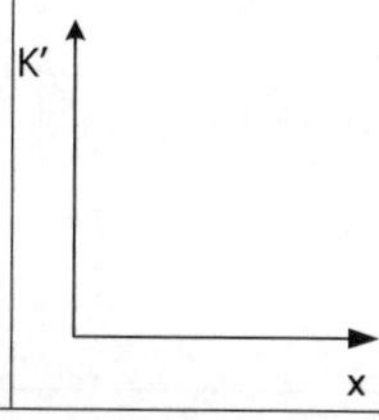

Tab. 3.1: Absolut fixer Gesamtkostenverlauf

Intervallfixe Kosten (Sprungfixe Kosten)			
Ausbringungs-menge	Gesamtkosten	Durchschnittskosten	Grenzkosten
x	K	$k = \frac{K}{x}$	$K' = \frac{dK}{dx}$
0	100	0	0
1	100	100	100
2	100	50	0
3	200	66,66	100
4	200	50	0
5	300	60	100
	konstant mit Sprüngen 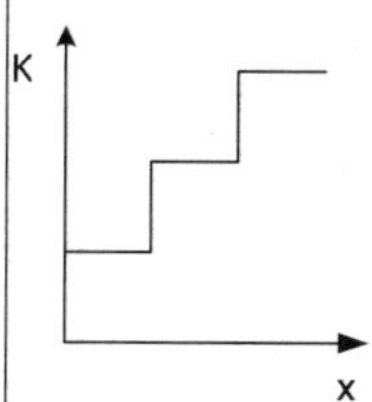	degressiv mit Sprüngen 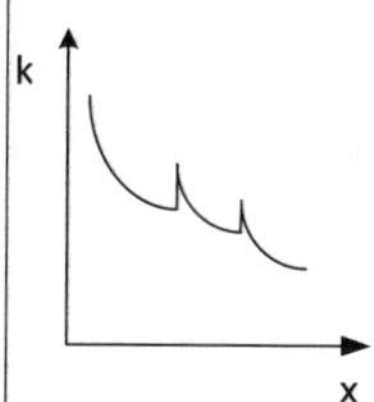	null mit Sprüngen 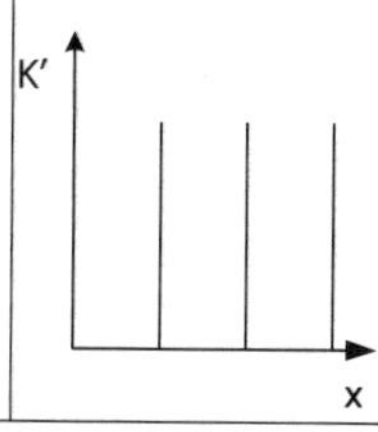

Tab. 3.2. Intervallfixer Gesamtkostenverlauf

Variable Kosten			
Ausbringungsmenge	Gesamtkosten	Durchschnittskosten	Grenzkosten
x	K	$k = \frac{K}{x}$	$K' = \frac{dK}{dx}$
0	0	0	0
1	50	50	50
2	100	50	50
3	150	50	50
4	200	50	50
5	250	50	50
	proportional 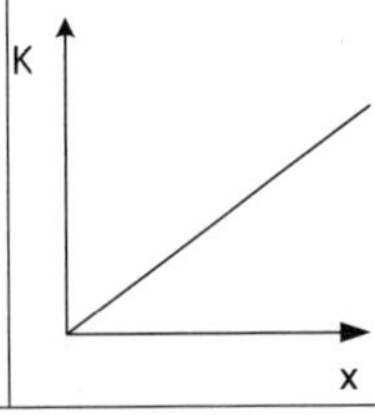	konstant 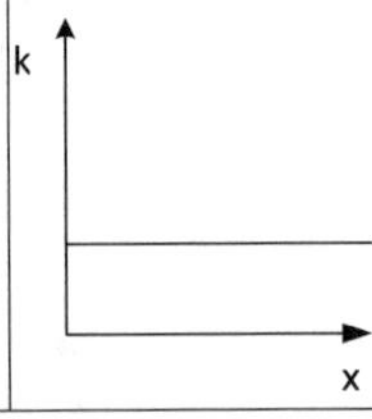	konstant 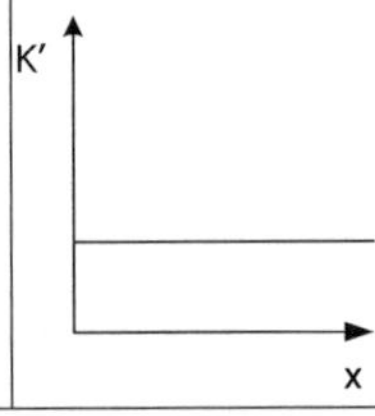

Tab. 3.3: Proportionaler Gesamtkostenverlauf

Degressive Kosten			
Ausbringungsmenge	Gesamtkosten	Durchschnittskosten	Grenzkosten
x	K	$k = \frac{K}{x}$	$K' = \frac{dK}{dx}$
0	0	0	0
1	100	100	100
2	180	90	80
3	240	80	60
4	280	70	40
5	300	60	20
	degressiv 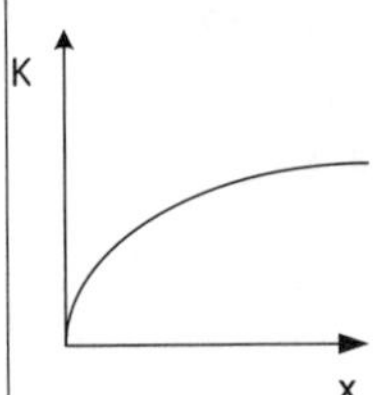	degressiv 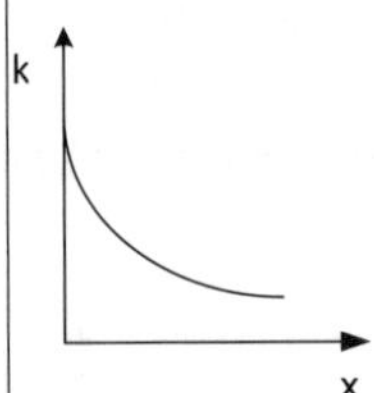	degressiv 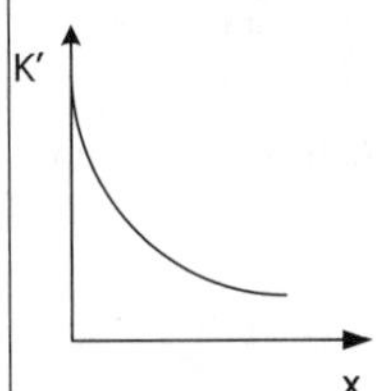

Tab. 3.4: Degressiver Gesamtkostenverlauf

Progressive Kosten			
Ausbringungs-menge	Gesamtkosten	Durchschnittskosten	Grenzkosten
x	K	$k = \frac{K}{x}$	$K' = \frac{dK}{dx}$
0	0	0	0
1	100	100	100
2	220	110	120
3	360	120	140
4	520	130	160
5	700	140	180
	progressiv 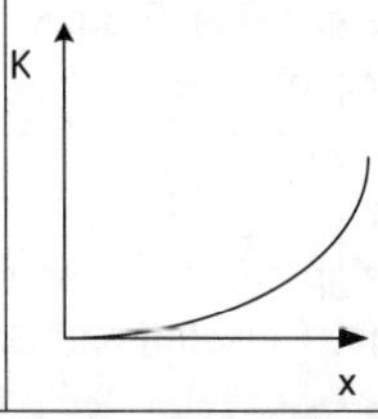	progressiv 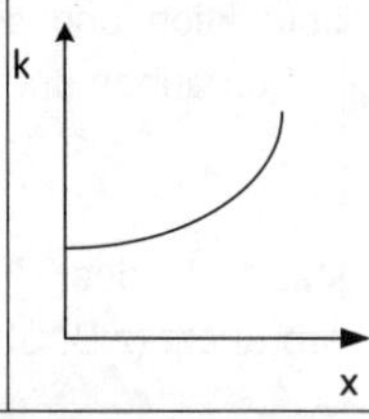	progressiv 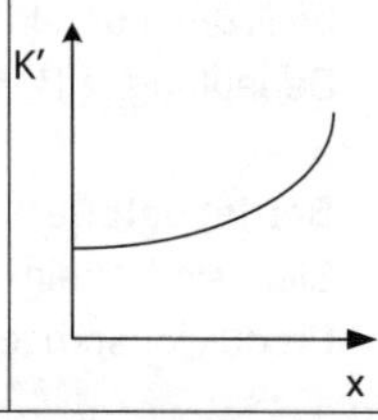

Tab. 3.5: Progressiver Gesamtkostenverlauf

3.5 Erfassung der wichtigsten Kostenarten

In Anlehnung an die Systematik des Industriekontenrahmens werden die verschiedenen Aufwandskonten zu den nachfolgenden Kostenarten zusammengefasst. Je nach Bedarf können die Kostenarten erweitert werden.

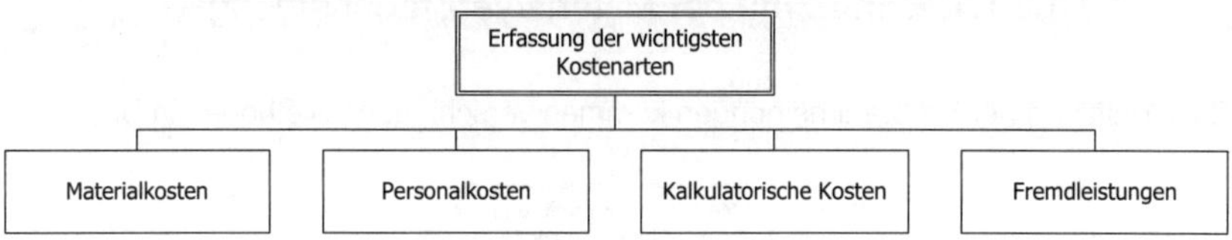

Abb. 3.5: Erfassung der wichtigsten Kostenarten

3.5.1 Materialkosten

Unter dem Kostenartenbegriff „Materialkosten" (Werkstoffkosten) fasst man die Kosten für Rohstoffe, Hilfsstoffe und Betriebsstoffe zusammen.

- **Rohstoffe**
  Güter, die als Hauptbestandteil in das zu fertigende Produkt eingehen (z.B. Blech in der Autoindustrie, Holz in der Möbelindustrie).

- **Hilfsstoffe**
  Güter, die als Nebenbestandteil in das zu fertigende Produkt eingehen. Sie besitzen nur eine Hilfsfunktion und sind für das Produkt von untergeordneter Bedeutung (z.B. Nägel, Schrauben und Lacke).

- **Betriebsstoffe**
  Sie sind kein Bestandteil des Fertigproduktes, sondern werden beim Produktionsprozess verbraucht (z.B. Strom, Treibstoff und Gas).

Da die Materialkosten von den verbrauchten Mengen und natürlich von den im Zeitablauf unterschiedlichen Beschaffungspreisen abhängig sind, ergeben sich hieraus zwei Problemfelder, zum einen die Ermittlung der Verbrauchsmengen und zum anderen die Bestimmung der Materialpreise. So erfolgt die Erfassung der Materialkosten in zwei Schritten:

1. Ermittlung der Materialverbrauchsmengen

2. Bewertung der Materialverbrauchsmengen

3.5.1.1 Ermittlung der Materialverbrauchsmengen

Zur Ermittlung der Verbrauchsmengen kommen verschiedene Methoden in Betracht:

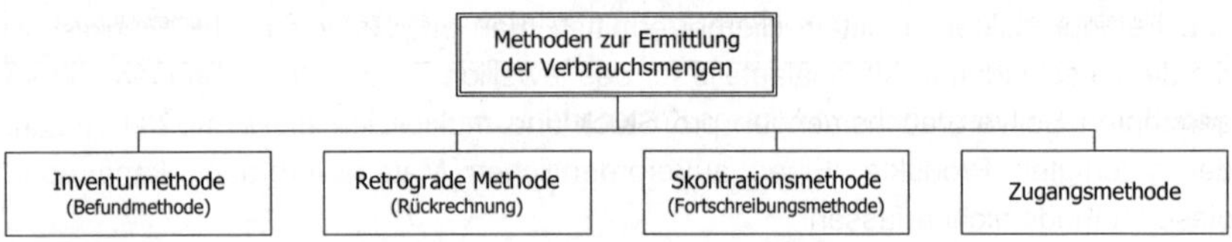

Abb. 3.6: Methoden zur Ermittlung der Verbrauchsmengen

o Inventurmethode (Befundmethode, Bestandsdifferenzrechnung)

Verbrauch = Anfangsbestand + Zugang laut Lieferschein - Endbestand

Bei dieser Methode wird eine körperliche Bestandsaufnahme (Inventur) am Anfang und am Ende der Periode durchgeführt. Diese Methode erfordert einen erhöhten Arbeitsaufwand und darüber hinaus ist zu bemängeln, dass eine Differenzierung nach Kostenstellen und Kostenträgern nicht erfolgt. Ebenso wenig lässt sich ein außerordentlicher Materialverbrauch (z.B. durch Schwund, Verderb oder Diebstahl) vom regulären Verbrauch trennen.

Beispiel:

Datum	**Bestand / Veränderung**	**Anzahl**
1. Januar	Anfangsbestand lt. Inventur	200
12. Februar	+ Zugang	+100
7. April	- Abgang	-100
10. Juni	- Abgang	-90
23. August	+ Zugang	+80
10. Oktober	- Abgang	-130
31. Dezember	Schlussbestand lt. Inventur	60
Verbrauch = 200 + 100 + 80 – 40 = 340		

In dem Jahr wurden 110 Produkte gefertigt, in denen jeweils 3 Stück des Materials enthalten sind.

o Retrograde Methode (Rückrechnung)

Verbrauch = Anzahl gefertigter Produkte * Sollverbrauchsmengen

Bei der Retrograden Methode wird der Materialverbrauch aus den erzeugten Halb- und Fertigprodukten ermittelt. Hierbei ermittelt man auf Grundlage der Stücklisten, die die verschiedenen Materialanteile für das jeweilige Produkt festschreiben, die so genannten Sollverbrauchsmengen pro Stück und multipliziert diese mit der Anzahl der gefertigten Produkte. Einen außerordentlichen Materialverbrauch kann auch diese Methode nicht erfassen.

Beispiel:
Verbrauch = 110 Stück * 3 = 330

- **Skontraktionsmethode (Fortschreibungsmethode)**

Verbrauch = Addition der Entnahmemengen laut Materialentnahmescheine

Bei dieser Methode werden die Materialbestände in einer Lagerkartei buchmäßig fortgeschrieben, d.h. der Materialverbrauch wird zum Zeitpunkt der Entnahme vom Lager mit Hilfe von Materialentnahmescheinen erfasst. Eine Zuordnung zur Kostenstelle bzw. Kostenträgern kann hierbei bei entsprechender Ausgestaltung der Entnahmedaten erfolgen.

Beispiel:
Verbrauch = 100 + 90 +130 = 320
Die Differenz von 20 Stück gegenüber der Inventurmethode basiert auf einem außerordentlichen Verbrauch (z.B. Schwund).

- **Zugangsmethode**

Verbrauch = Zugang laut Lieferschein

Das ist die einfachste jedoch für die Kostenrechnung am wenigsten geeignete, Methode.[5] Hierbei wird unterstellt, dass Materialzuglang und Materialverbrauch in der gleichen Periode erfolgen. Es entstehen folglich keine Bestände. Dies kann z.B. bei Obst, Gemüse und Blumen der Fall sein.

3.5.1.2 Bewertung der Materialverbrauchsmengen

Für die Bewertung des Materialverbrauchs stehen verschiedene Wertansätze zur Verfügung:

[5] Vgl. EISELE (1999), S.633.

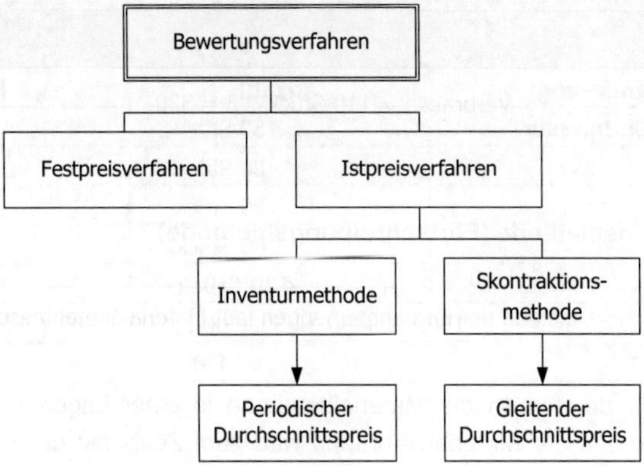

Abb. 3.7: Bewertung der Verbrauchsmengen

- **Festpreisverfahren**

  Das Festpreisverfahren wird immer dann angewendet, wenn der Anschaffungspreis erheblichen Schwankungen unterliegt und eine konstante Betriebsabrechnung dadurch nicht gewährleistet ist. Der Betrieb legt in Anlehnung an den Anschaffungspreis den so genannten Verrechnungspreis fest, der dann über einen längeren Zeitraum Bestand hat (kalkulatorische Materialkosten).[6] Die Verrechnungspreise bilden nicht nur die durchschnittlichen Anschaffungspreise der vergangenen Perioden ab, sondern berücksichtigen auch zukünftige Preiserwartungen.[7]

- **Istpreisverfahren**

  Beim Istpreisverfahren legt man den tatsächlich gezahlten Preis (z.B. Anschaffungskosten, Tagespreise) zu Grunde.[8] Da jedoch die Einstandspreise nur selten über einen längeren Zeitraum konstant sind, stellt sich das Problem, dass unterschiedliche Liefermengen zu schwankende Einstandspreisen bewertet werden müssen. Die Bewertung in der Kostenrechnung kann nach zwei unterschiedlichen Methoden erfolgen:

  - **Periodischer Durchschnittspreis**

    Hierbei wird der Mittelwert aus den gewogenen Einstandspreisen einer Periode aller Zugänge und des Anfangsbestandes gebildet.

---

6 Vgl. EISELE (1999), S. 635.
7 Vgl. WÖHE (1986) S.1146.
8 Bei der bilanziellen Bestandbewertung gibt es noch eine reihe von andere Istpreisverfahren (z.B. die Lifo, Fifo- und Hifo-Methode). Diese Verfahren haben jedoch in der Kosteenrechnung keine große Bedeutung, da sie den Anforderungen der Kostenrechnung nicht gerecht werden. Siehe zur Begründung ausführlich KILGER (1976) S.87f., HABERSTOCK (2002), S. 67; SORG (2006), S.70,

Beispiel:		
Bestand / Veränderung	**Anzahl**	**Preis**
Anfangsbestand lt. Inventur	150 Stück	5,00
+ Zugang	80 Stück	4,50
+ Zugang	90 Stück	4,00
+ Zugang	100 Stück	4,20
Summe	**420 Stück**	

$$\text{Periodischer Durchschnittspreis} = \frac{150 * 5 + 80 * 4{,}50 + 90 * 4{,}00 + 100 * 4{,}20}{420} = 4{,}50$$

- **Gleitender Durchschnittspreis**
  Hierbei wird ein gleitender Durchschnittspreis nach jedem Zugang gebildet unter Berücksichtigung des fortgeschriebenen (gewogenen) Bestandswertes.

Beispiel:			
Bestand / Veränderung	**Anzahl**	**Preis**	**Lagerwert**
Anfangsbestand lt. Inventur	**200 Stück**	**5,00**	**1.000,00**
+ Zugang	100 Stück	4,70	+ 470,00
Bestand	**300 Stück**		**1.470,00**
Gleitender Durchschnittspreis =	1.470,00 / 300 Stück	= 4,90	
- Verbrauch	100 Stück	4,90	- 490,00
Bestand	**200 Stück**	**4,90**	**980,00**
+ Zugang	50 Stück	4,00	+ 200,00
Bestand	**250 Stück**		**1.180,00**
Gleitender Durchschnittspreis =	1.180,00 / 250 Stück	= 4,72	
- Verbrauch	30 Stück	4,72	- 141,60
Bestand	**220 Stück**	**4,72**	**1.038,40**
+ Zugang	200 Stück	4,90	980,00
Bestand	**440 Stück**		**2.018,40**
Gleitender Durchschnittspreis =	2.018,40 / 440 Stück	= 4,59	
- Verbrauch	- 100 Stück	4,59	- 459,00
Bestand	**340 Stück**	**4,59**	**1.560,60**
Verbrauch gesamt =	**490,00 + 141,60 + 459,00 =**		**1.090,60**

3.5.2 Personalkosten

Die Personalkosten werden durch alle Kosten gebildet, die durch den Einsatz des Produktionsfaktors Arbeit unmittelbar und mittelbar entstanden sind. Die Personalkosten setzen sich aus folgenden Hauptgruppen zusammen:

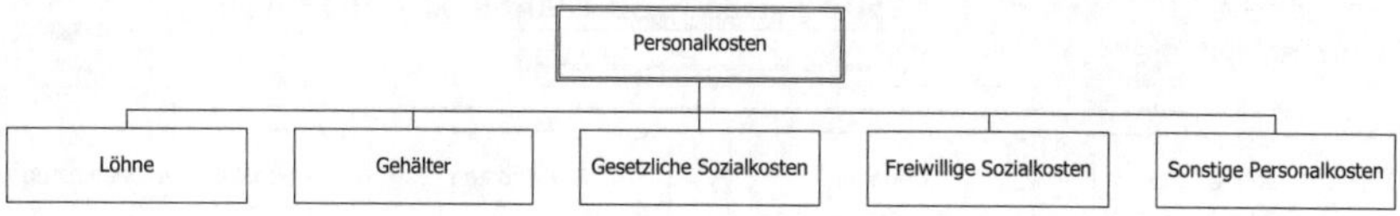

Abb. 3.8: Aufteilung der Personalkosten

- **Löhne**
  Löhne werden als Akkord- oder Zeitlöhne gezahlt und bilden das Arbeitsentgelt für Arbeiter. Der Akkordlohn orientiert sich an der effektiv geleisteten Arbeitszeit. Der Akkordlohn hingegen bemisst sich an der erbrachten Leistung.

- **Gehälter**
  Sie stellen das Arbeitsentgelt für Angestellte dar und werden für bestimmte Zeitabschnitte (i.d.R. monatlich) gezahlt.

- **Gesetzliche Sozialkosten**
  Sie sind per Gesetz, Verordnung oder durch Tarifbestimmungen festgelegt. Zu ihnen zählen insbesondere die Arbeitgeberanteile an der Renten-, Kranken-, Pflege- und Arbeitslosenversicherung sowie die allein vom Arbeitgeber aufzubringenden Beiträge zur Unfallversicherung (Berufsgenossenschaft). Zu den gesetzlichen Sozialkosten zählen auch Aufwendungen für eine betriebliche Altersversorgung oder Zuschüsse zum Krankengeld.

- **Freiwillige Sozialkosten**
  Hierunter fallen z.B. freiwillige Zusagen zur betrieblichen Altersversorgung, Zuschüsse für Fahrten zwischen Wohnung und Arbeitsstätte und Verpflegung und auch Zahlungen an den Arbeitnehmer bei Geburten, Hochzeiten, Jubiläen.

- **Sonstige Personalkosten**
  Sie entstehen insbesondere beim Personalwechsel durch Inserate, Vorstellungs-, Umzugs- und Abfindungskosten.

Die Lohn- und Gehaltskosten werden aufgrund von Zeitlohnscheinen, Akkordscheinen, Prämienunterlagen, Zusatzlohnscheinen, Gehaltslisten, Stempel-, Chipkarten etc. erfasst und weiter verrechnet. Um die Personalkosten verursachungsgerecht auf die Kostenstellen bzw. Kostenträger zu verrechnen, muss in der Kostenartenrechnung eine Aufteilung der Personalkosten in Einzel- und Gemeinkosten erfolgen:

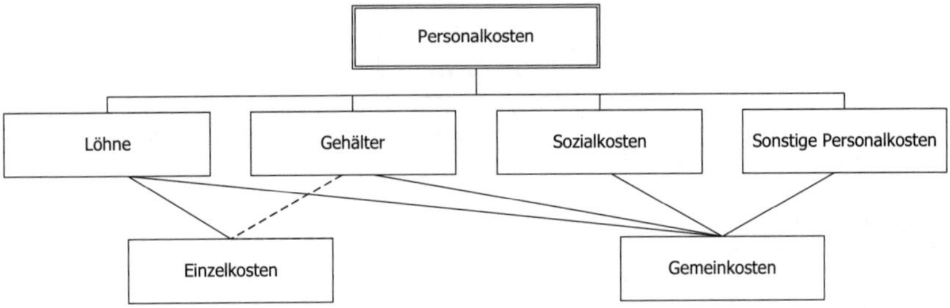

Abb. 3.9: Verrechnung der Personalkosten[9]

- Löhne können sowohl Einzel- als auch Gemeinkosten darstellen.
- Gehälter sind Gemeinkosten, da sie für bestimmte Zeitabschnitte gezahlt werden. Nur in wenigen Fällen können Gehälter unmittelbar einem Kostenträger zugeordnet werden.
- Sozialkosten und sonstige Personalkosten sind stets Gemeinkosten.

3.5.3 Kalkulatorische Kosten

Kalkulatorische Kosten sind Kosten, denen kein bzw. kein betragsgleicher Aufwand gegenübersteht. Sie werden eigens für kostenrechnerische Zwecke kalkuliert. Kalkulatorische Kosten lassen sich wie folgt differenzieren:

- **Zusatzkosten**
  Kosten, denen überhaupt kein Aufwand in der Finanzbuchhaltung gegenübersteht

- **Anderskosten**
  Kosten, denen Aufwand in einer anderen Höhe in der Finanzbuchhaltung gegenübersteht.

[9] DÄUMLER / GRABE (2003), S 158.

Die Aufgabe der kalkulatorischen Kosten ist es, die Genauigkeit und die Aussagefähigkeit der Kostenrechnung zu erhöhen. Gleichzeitig stellt man damit auch die Vergleichbarkeit sicher.[10] Dies kommt insbesondere dann zum Tragen, wenn gesetzliche am Prinzip kaufmännischer Vorsicht orientierte Ansatz- und Bewertungsvorschriften den Ausweis des tatsächlichen Ressourcenverbrauchs verhindern.

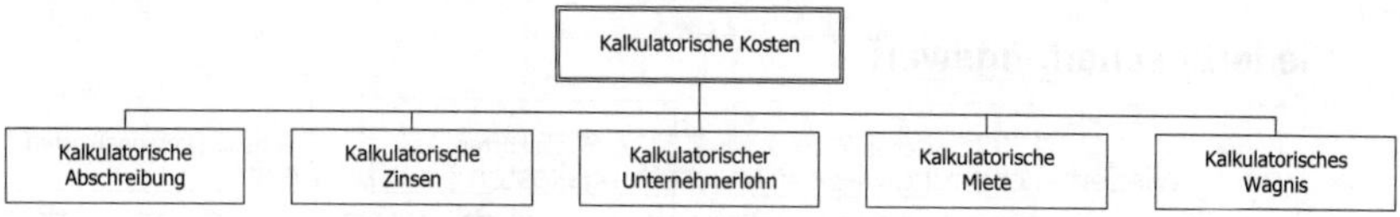

Abb. 3.10: Kalkulatorische Kosten

3.5.3.1 Kalkulatorische Abschreibung

- **Prinzip der nominellen Kapitalwerterhaltung**
  Das Prinzip der nominellen Kapitalwerterhaltung, das nach handels- und steuerrechtlichen Vorschriften gesetzlich verankert ist, begrenzt die bilanzielle Abschreibung auf die Höhe der Anschaffungs- und Herstellkosten. Das heißt, dass lediglich der Anschaffungswert in seiner ursprünglichen Höhe über die extern festgelegte Abschreibungsdauer erlöst wird (nominelle Abschreibung). Eventuell steigende Wiederbeschaffungswerte für ein zu ersetzendes Betriebsmittel bleiben unberücksichtigt.

- **Prinzip der Substanzerhaltung**
  In der Kostenrechnung orientiert sich der Wertansatz grundsätzlich am Bewertungszweck. Die kalkulatorische Abschreibung hat die Aufgabe, den verursachungsgerechten Werteverzehr für ein mehrperiodig nutzbares Betriebsmittel zu ermitteln. Es soll mit Hilfe der kalkulatorischen Abschreibung gewährleistet werden, dass das Betriebsmittel nach Ablauf der Nutzungsdauer wiederbeschafft werden kann. Die Abschreibung auf der Grundlage der Anschaffungskosten ist nur dann geeignet, wenn die Preise der Betriebsmittel relativ konstant sind. In Zeiten steigender bzw. sinkender Preise muss von den Wiederbeschaffungskosten abgeschrieben werden (substantielle Abschreibung).

[10] Vgl. EISELE (1998), 642; WÖHE (1986), S. 1149.

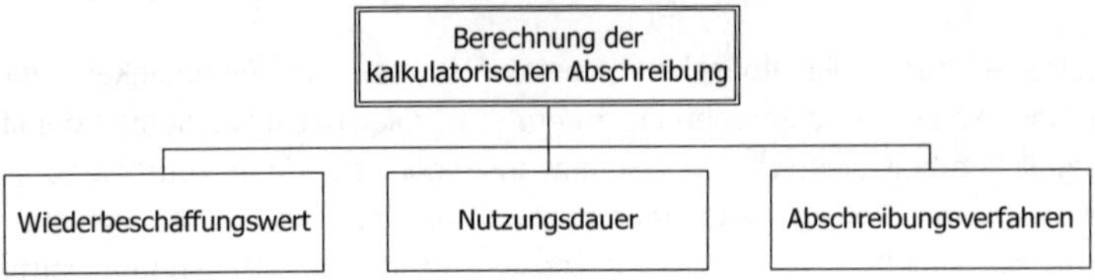

Abb. 3.11: Berechnung der kalkulatorischen Abschreibung

- **Wiederbeschaffungswert**

Wiederbeschaffungswert = Anschaffungskosten * Aufzinsfaktor

Beispiel:

Maschine
Anschaffungskosten: 10.000,-
Nutzungsdauer: 10 Jahre
jährliche Preissteigerung 5%

Wiederbeschaffungswert = 10.000 * $1{,}05^{10}$ = 16.288,95

Die zukünftigen Wiederbeschaffungskosten sind i.d.R. sehr schwer zu bestimmen, weil der Zeitpunkt der Wiederbeschaffung weit in der Zukunft liegt. In diesen Fällen wählt man in der Praxis die zweitbeste Lösung und geht von den Tageswerten aus.

Wiederbeschaffungswert = Anschaffungskosten * Tageswertfaktor

$$\text{Tageswertfaktor} = \frac{\text{Index des laufenden Jahres}}{\text{Index des Anschaffungsjahres}}$$

Beispiel:				
Maschine Anschaffungskosten: 10.000,- Nutzungsdauer: 10 Jahre				
Jahr	**Index**	**Tageswertfaktor**	**Tageswert**	**Abschreibung**
1	87,0	1,000	10.000	1.000
2	89,2	1,025	10.250	1.025
3	94,8	1,090	10.896	1.090
4	100,0	1,149	11.494	1.149
5	103,5	1,190	11.897	1.190
6	106,1	1,219	12.194	1.219
7	109,3	1,256	12.560	1.256
8	110,8	1,274	12.736	1.274
9	115,8	1,331	13.309	1.331
10	118,7	1,364	13.641	1.364
Summe				**13.282**

Zur Berechnung der kalkulatorischen Abschreibung stehen grundsätzlich alle Abschreibungsmethoden zur Verfügung. Als kalkulatorischen Ausgangswert kann man entweder die Anschaffungskosten oder den Wiederbeschaffungswert zu Grunde legen.

- **Lineare Abschreibung**

  - Lineare Abschreibung ohne Liquidationserlös

$$\text{Abschreibungsbetrag (jährlich)} = \frac{\text{Kalkulatorischer Ausgangswert}}{\text{Geschätzte Nutzungsdauer in Jahren}}$$

Beispiel:
Kalkulatorischer Ausgangswert (AW): 8.000,- Geschätzte Nutzungsdauer: 4 Jahre
$\text{Abschreibungsbetrag} = \frac{8.000}{4} = 2.000$

Jahr	Abschreibungsbetrag (a)	Restwert (RW)
1	2.000.-	10.000
2	2.000.-	8.000
3	2.000.-	6.000
4	2.000.-	4.000

Abschreibungsbetrag (a)

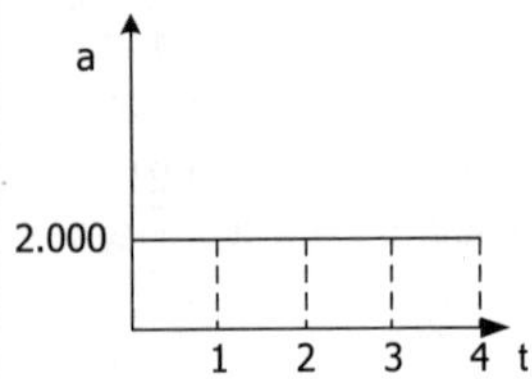

Entwicklung des Restwertes

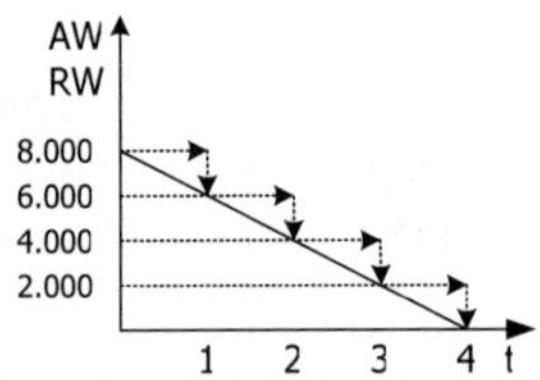

- Lineare Abschreibung mit Liquidationserlös

$$\text{Abschreibungsbetrag (jährlich)} = \frac{\text{Kalkulatorischer Ausgangswert - Liquidationserlös}}{\text{Geschätzte Nutzungsdauer in Jahren}}$$

Beispiel:

Kalkulatorischer Ausgangswert: 12.000,-
Liquidationserlös: 4.000,-
Geschätzte Nutzungsdauer: 4 Jahre

$$\text{Abschreibungsbetrag} = \frac{12.000 - 4.000}{4} = 2.000$$

Jahr	Abschreibungsbetrag	Restwert
1	2.000.-	10.000
2	2.000.-	8.000
3	2.000.-	6.000
4	2.000.-	4.000

Abschreibungsbetrag (a)	Entwicklung des Restwertes
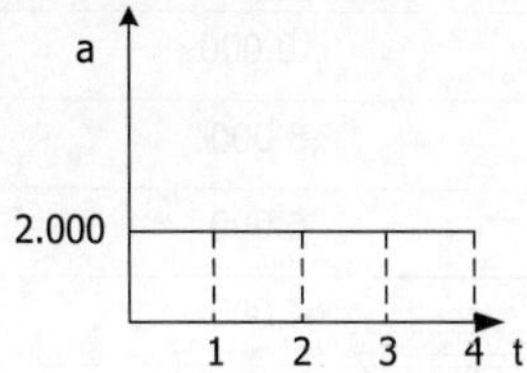	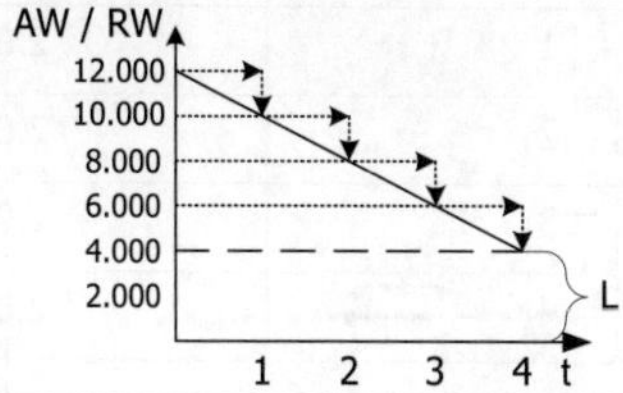

Die Praxis geht in den meisten Fällen (zu Recht) von der linearen Methode aus. Sie ist rechnerisch einfach und hat den Vorteil, dass die Abschreibungsbeträge gleichmäßig auf die einzelnen Perioden verteilt werden.

- **Degressive Abschreibung**

Geometrisch degressive Abschreibung

Abschreibungsbetrag (jährlich)= Kalkulatorischer Ausgangswert * Abschreibungssatz

Beispiel:

Kalkulatorischer Ausgangswert: 10.000,-
Abschreibungssatz: 40%
Geschätzte Nutzungsdauer: 4 Jahre

Jahr	Abschreibungsbetrag		Restwert
1	10.000 * 0,4 =	4.000	6.000
2	6.000 * 0,4 =	2.400	3.600
3	3.600 * 0,4 =	1.440	2.160
4	2.160 * 0,4 =	864	1.296

Abschreibungsbetrag (a)

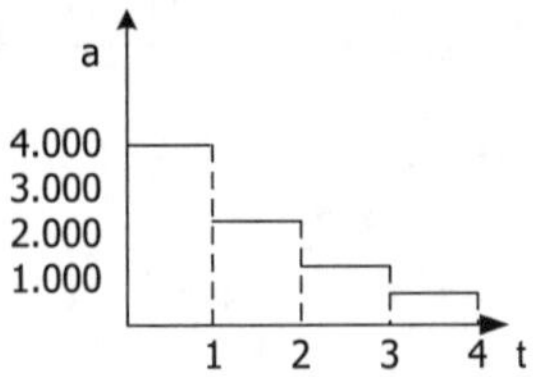

Entwicklung des Restwertes

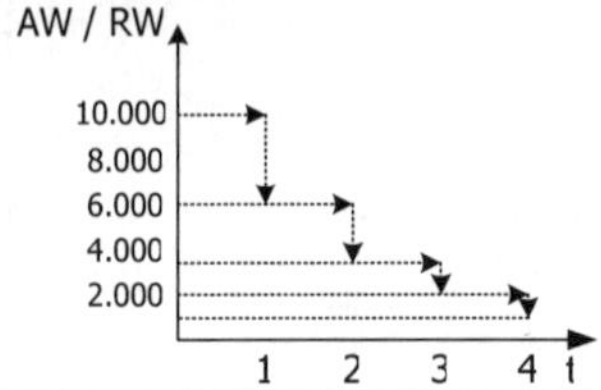

- **Leistungsbezogene Abschreibung**

$$\text{Abschreibungsbetrag (jährlich)} = \frac{\text{Kalkulatorischer Ausgangswert * Jahresleistung}}{\text{Gesamtleistung}}$$

Beispiel:

Kalkulatorischer Ausgangswert für einen PKW:	20.000,-
geschätzte Gesamtleistung während der Nutzungsdauer:	200.000 km
Jahreskilometerleistung:	50.000 km

$$\text{Abschreibungsbetrag} = \frac{20.000 * 50.000\ \text{km}}{200.000\ \text{km}} = 5.000$$

Abschreibungsbetrag (a)

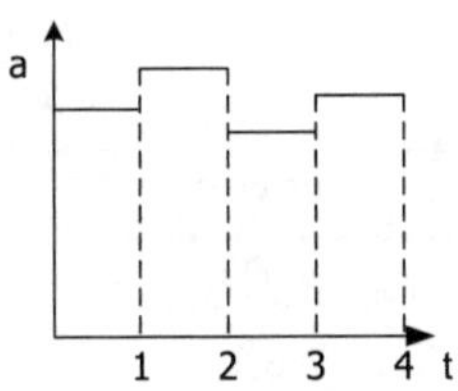

Entwicklung des Restwertes

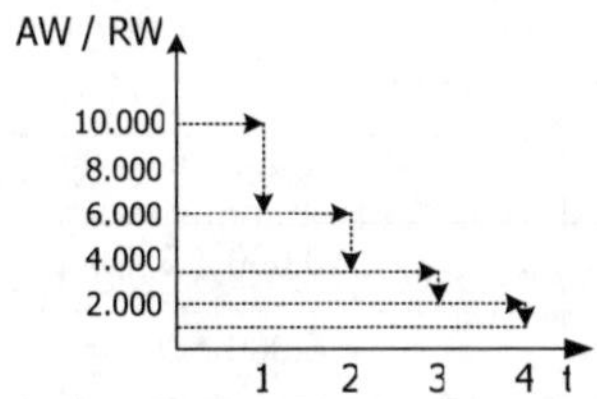

Ein Argument, das häufig für die Verwendung der degressiven Abschreibung genannt wird, ist die Tatsache, dass Restwerte bei der degressiven Abschreibung mit dem Verlauf des Liquidationserlöses recht gut übereinstimmten. Jedoch ist dies für kostenrechnerische Zwecke belanglos, da es nicht die Aufgabe der Betriebsmittel ist, Liquidationserlöse zu erzielen, sondern vielmehr den Produktionsprozess zu unterstützen.

3.5.3.2 Kalkulatorische Zinsen

In der Finanzbuchhaltung werden als Aufwand nur die tatsächlich gezahlten Zinsen (für Fremdkapital) verrechnet. In der Kostenrechnung dagegen werden kalkulatorische Zinsen auf das gesamte betriebsnotwendige Kapital berechnet, d.h. auch auf das Eigenkapital.

Tatsächlich entfallen auf das Eigenkapital zwar keine Zinszahlungen, jedoch will man so den Nutzenentgang berücksichtigen, den der Eigenkapitalgeber hat. Der Eigenkapitalgeber hätte nämlich bei einer anderweitigen Kapitalanlage Zinserträge erzielen können. Eine Bewertung erfolgt somit zu Opportunitätskosten (= Kosten der entgangenen Gelegenheit, sprich die entgangenen Zinserträge).

Die kalkulatorischen Zinsen werden auf das betriebsnotwendige Vermögen berechnet:

Kalkulatorische Zinsen = Betriebsnotwendiges Kapital × Zinssatz

Zur Ermittlung des betriebsnotwendigen Vermögens wird das Gesamtvermögen des Betriebes um alle nicht betriebsnotwendigen Vermögenswerte bereinigt; dies können z.B. sein:[11]

- nicht oder landwirtschaftlich genutzte Grundstücke,
- Mietshäuser, in denen keine Betriebsangehörige wohnen,
- stillgelegte Betriebsabteilungen,
- Wertpapiere, mit denen keine unternehmenspolitischen Beteiligungsziele verfolgt werden, usw.

Übrig bleiben die betriebsnotwendigen Teile des abnutzbaren und des nicht abnutzbaren Anlagevermögens sowie das betriebsnotwendige Umlaufvermögen.

[11] HABERSTOCK (2002), S. 96.

	Betriebsnotwendiges Anlagevermögen
+	Betriebsnotwendiges Umlaufvermögen
=	**Betriebsnotwendiges Vermögen**
-	Abzugskapital
=	**Betriebsnotwendiges Kapital**

- **Betriebsnotwendiges Anlagevermögen**

  - nicht abnutzbares Anlagevermögen (z.B. Grundstücke) wird in Höhe der Anschaffungskosten angesetzt

  - abnutzbares Anlagevermögen kann nach zwei Wertansatzmethoden ermittelt werden

Restwertverzinsung

Hierbei werden die Zinsen vom kalkulatorischen Restwert am Ende der jeweiligen Abrechnungsperiode ermittelt. Es kann aber auch der mittlere Restwert des jeweiligen Jahres zugrunde gelegt werden. Die Höhe der kalkulatorischen Zinsen vermindert sich mit den Restwerten im Laufe der Zeit.

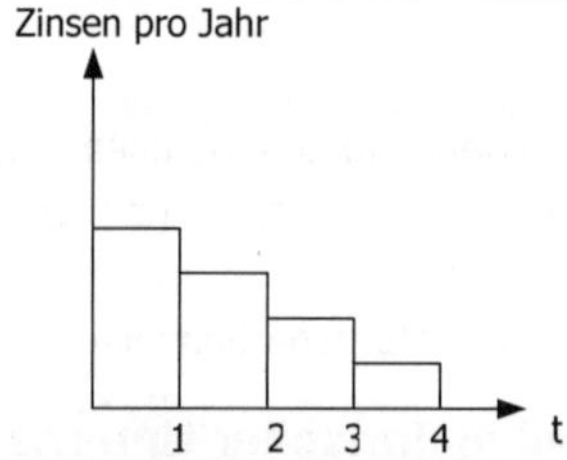

Abb. 3.12: Entwicklung der Zinsen bei der Restwertverzinsung

Durchschnittswertverzinsung

Die Zinsen werden vom halben Ausgangswert berechnet, die kalkulatorischen Zinsen bleiben im Laufe der Zeit konstant, solange keine Neubewertung der Ausgangswerte erfolgt.

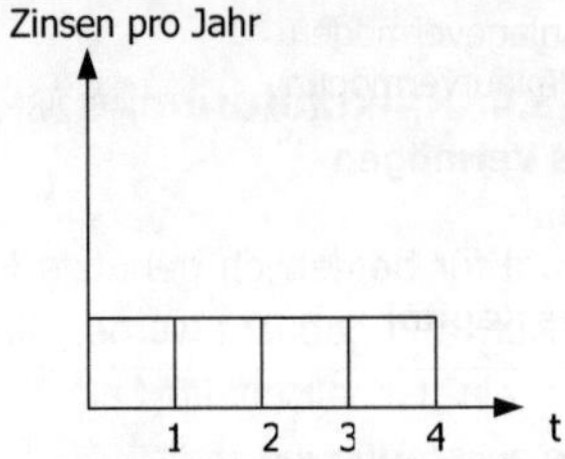

Abb. 3.13: Entwicklung der Zinsen bei der Durchschnittswertverzinsung

- **Betriebsnotwendiges Umlaufvermögen**
  Für das Umlaufvermögen ist der Betrag anzusetzen, der durchschnittlich während der Abrechnungsperiode gebunden ist:

$$\text{Durchschnittlich gebundener Betrag} = \frac{\text{Anfangsbestand} + \text{Endbestand}}{2}$$

oder:

$$\text{Durchschnittlich gebundener Betrag} = \frac{\text{Anfangsbestand} + 12\ \text{Monatsbestände}}{13}$$

- **Abzugskapital**
  Das ist das Kapital, das dem Unternehmen zinsfrei zur Verfügung gestellt wurde (z.B. Kundenanzahlungen)

3.5.3.3 Kalkulatorischer Unternehmerlohn

In Einzelunternehmen, Personen- und Kapitalgesellschaften ist ein kalkulatorischer Unternehmerlohn anzusetzen, wenn der Einzelunternehmer bzw. der Gesellschafter einer Personen- oder Kapitalgesellschaft für seine Mitarbeit kein oder nur ein sehr niedriges Gehalt bezieht und die Vergütung für seine Arbeitsleistung mit dem Gewinn abdeckt wird.

Die Höhe des kalkulatorischen Unternehmerlohns orientiert sich:

- am Gehalt für einen gleichwertigen Mitarbeiter
- an Opportunitätskosten (Welches Gehalt würde der Unternehmer bei gleicher Verantwortung in einem anderen Betrieb erzielen?)

3.5.3.4 Kalkulatorische Miete

Eine kalkulatorische Miete wird für betrieblich genutzte Räume angesetzt, für die in der Finanzbuchhaltung kein Aufwand gebucht wurde. Dies kann der Fall sein, wenn ein Einzelunternehmer oder ein Gesellschafter einer Personengesellschaft dem Unternehmen mietfrei Räume zur Verfügung stellt.

Die Höhe der kalkulatorischen Miete richtet sich nach der ortsüblichen Miete.

3.5.3.5 Kalkulatorisches Wagnis

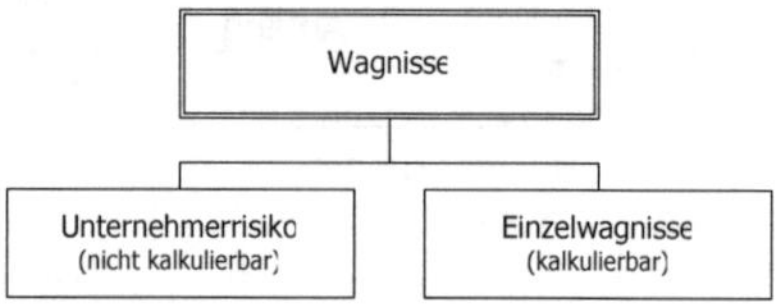

Abb. 3.14: Formen der Wagnisse

Die unternehmerische Tätigkeit ist mit bestimmten Risiken verbunden. Diese Risiken, werden auch Wagnisse genannt. Hierbei unterscheidet man zwischen:

- **Unternehmerrisiko**
  Das allgemeine Unternehmerwagnis betrifft die Unternehmung als Ganzes. Hierzu zählt man z.B. Rückgänge oder Änderungen in der gesamtwirtschaftlichen Nachfrage, Inflationen, technische Fortschritte etc. Das Unternehmerrisiko ist nicht kalkulierbar und wird mit dem Gewinn abgegolten.

- **Einzelwagnisse**
  Einzelwagnisse werden dagegen als betrieblich verursachter Werteverzehr mit der Verrechnung kalkulatorischer Wagnisse berücksichtigt.

  Einzelwagnisse werden in folgende Gruppen gegliedert:

Einzelwagnis	**Wagnisart**	**Bezugsgröße**
Beständewagnis	Lagerverluste (bei Werkstoffen, Halb- und Fertigfabrikaten), die z.B. durch Schwund, Veralten, Preissenkungen auftreten	Durchschnittlicher Wert des Lagerbestandes
Fertigungswagnis	Mehrkosten aufgrund von Arbeits- und Konstruktionsfehlern, Kosten für Gewährleistungen, außergewöhnliche Schäden an Anlagegütern	Fertigungs- bzw. Herstellkosten der Periode
Entwicklungswagnis	Kosten für fehlgeschlagene Forschungs- und Entwicklungsarbeiten	Entwicklungskosten pro Periode
Vertriebswagnis	Forderungsausfälle gegenüber Kunden und Währungsverluste	Durchschnittlicher Forderungsbestand oder Umsatz pro Periode
sonstige Wagnisse.	Risiken, die in der Eigenart des Betriebes bzw. der Branche liegen, z.B. Schiffs- oder Flugzeugverluste, Risiken bei der Herstellung und Beförderung von Explosiv- und Giftstoffen	Umsatz oder Gesamtkosten

Tab. 3.6: Einzelwagnisse- Wagnisart und Bezugsgrößen

$$\text{Wagniszuschlag} = \frac{\Sigma \text{ durchschnittliche Verluste der letzten Jahre}}{\text{durchschnittliche Bezugsgröße}}$$

Beispiel:

Wie hoch ist das Gewährleistungswagnis im 5. Jahr, wenn der Umsatz auf 1.500.000 geschätzt wird?

Jahr	**Umsatz**	**Gewährleistungsaufwand**
1	1.000.000	80.000
2	1.200.000	75.000
3	1.150.000	105.000
4	1.400.000	120.000
Summe	**4.750.000**	**380.000**

Wagniszuschlag = $\frac{380.000}{4.750.000}$ = 0,08	
Kalk. Gewährleistungswagnis im 5. Jahr = 1.500.000 * 0,08 = 120.000	

3.5.4 Fremdleistungskosten

Zu den Fremdleistungskosten (Dienstleistungskosten) zählen alle in der Finanzbuchhaltung erfassten Gegenwerte für die von Fremden erbrachten Dienste, z.B. Transport-, Versicherungs-, Reparatur-, Werbe-, Reise-, Rechtsberatungs-, sowie Forschungs- und Entwicklungsleistungen. Daneben fallen auch Mieten und Pachten unter die Dienst- oder Fremdleistungskosten.

Kosten für Wasser, Strom, Benzin und Gas zählen im strengen Sinne zu den Betriebsstoffkosten bzw. Werkstoffkosten, werden jedoch auch zu den Fremdleistungskosten gezählt.

Auch zählen die Gebühren und Beiträge der öffentlichen Hand, da ihnen (zum Teil) besondere Gegenleistungen gegenüberstehen zu den Fremdleistungskosten. Inwieweit auch Steuern als Kosten zu qualifizieren sind, ist in der Literatur umstritten. Mit Ausnahme der häufig notwendigen zeitlichen Abgrenzung ergeben sich bei der Erfassung der Dienstleistungskosten keine besonderen Probleme.

4. Kostenstellenrechnung

Die Kostenstellenrechnung bildet das Bindeglied zwischen der Kostenartenrechnung und der Kalkulation (Kostenträgerrechnung). Das Ziel der Kostenstellenrechnung ist die verursachungsgerechte Verteilung der Kosten auf die verschiedenen Betriebsbereiche. Es wird somit auch deutlich, dass die Kostenartenrechnung bzw. die Kostenerfassung keine eigenständige Aufgabe erfüllt, sondern vielmehr eine Vorbereitungsarbeit für die folgenden Teilgebiete der Kostenrechnung darstellt.

4.1 Aufgaben der Kostenstellenrechnung

Zu den Aufgaben der Kostenstellenrechnung zählt die Verteilung der Kosten auf die Orte ihrer Entstehung, um

- die Leistungsbeziehungen zwischen den Kostenstellen abzubilden (innerbetriebliche Leistungsverrechnung).
- die Gemeinkosten auf verschiedene Betriebsbereiche zu verteilen (Verteilung der Kostenarten auf Kostenstellen).
- die Wirtschaftlichkeit zu kontrollieren (Betriebsvergleich, Periodenvergleich).
- die Kosten auf die Kostenträger verursachungsgerecht zu verrechnen (Zuordnung der Kostenstellen zu Kostenträger).

4.2 Bildung der Kostenstellen

Eine Kostenstelle ist eine Position innerhalb der Kostenrechnung, für die Kosten gesondert geplant, erfasst und kontrolliert werden. Die Ausgestaltung bzw. den Grad der Differenzierung der Kostenstellenrechnung orientiert sich am betrieblichen Informationsbedarf. Eine Differenzierung der Kostenstellen kann nach ganz unterschiedlichen Aspekten vorgenommen werden. Wegen der Vielzahl von unternehmensindividuellen Gesichtspunkten seien an dieser Stelle nur die beiden bedeutendsten genannt:

- **Verrechnungstechnische Gesichtspunkte**
  Nach verrechnungstechnischen Gesichtspunkten unterscheidet man zwischen Haupt- und Hilfskostenstellen.

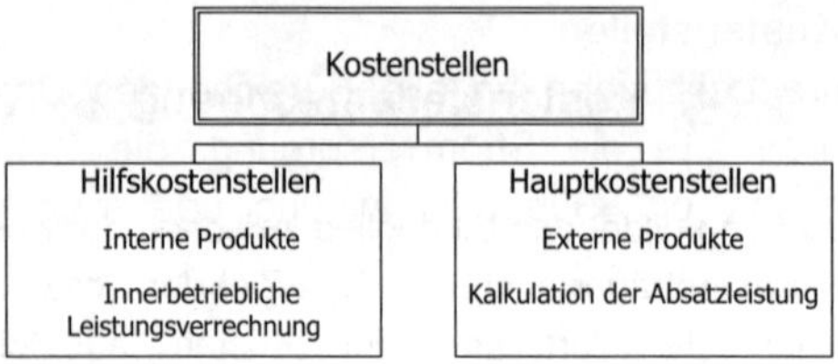

Abb. 4.1: Unterteilung der Kostenstellen

- **Hilfskostenstellen**
  Hilfskostenstellen (Vorkostenstellen) sind Kostenstellen, deren Leistungen von allen oder mehreren Kostenstellen in Anspruch genommen werden. Sie verrechnen ihre innerbetrieblichen Leistungen (interne Produkte) zu 100% an andere Kostenstellen (Hilfs- und Hauptkostenstellen) mit Hilfe von Verrechnungssätzen.

- **Hauptkostenstellen**
  Hauptkostenstellen (Endkostenstellen) sind Kostenstellen, in denen der eigentliche Leistungsprozess durchgeführt wird. Hier werden die Leistungen (externe Produkte) erstellt, die dem eigentlichen Betriebszweck dienen. Z.T. wird in der Literatur differenziert zwischen Haupt- und Nebenkostenstellen.[12] Nebenkostenstellen sind demnach Kostenstellen, in denen so genannte „Nebenprodukte“ erstellt werden, die bei der Lösung der betrieblichen Hauptaufgabe anfallen, z.B. ein Schwesternwohnheim bei einem Krankenhaus. Die Leistungen der Hauptkostenstellen werden mit Hilfe von Kalkulationssätzen ermittelt.

o **Betriebliche Funktionen**
Hierzu wird der Kostenstellenplan entsprechend der unterschiedlichen Tätigkeiten im Unternehmen gegliedert. Ein für ein Industrieunternehmen typischer Kostenplan weist folgende Kostenstellen aus:[13]

- **Verwaltungskostenstellen**
  Sie beinhalten insbesondere die Geschäftsführung und die Stabsstellen und sonstige Verwaltungstätigkeiten, wie z.B. Finanzbuchhaltung, Personalwesen, Controlling, Poststelle und interne Revision.

---

[12] Vgl. DÄUMLER / GRABE (2003), S. 230.
[13] Vgl. EISELE (1998), S. 659f.

- **Allgemeine Kostenstellen**
  Sie geben ihre Leistungen an alle Bereiche des Unternehmens ab. Hierher gehören z.B. die Stromversorgung, die Sanitätsstation, die Betriebsfeuerwehr, die Gebäudereinigung oder der innerbetriebliche Transport.

- **Materialkostenstellen**
  Sie umfassen alle Arbeiten, die im Zusammenhang mit der Beschaffung, Annahme, Prüfung, Lagerung und Ausgabe der Werkstoffe stehen. Beispiele sind die Abteilungen Einkauf, das Materialprüflabor oder das Rohstofflager.

- **Fertigungskostenstellen**
  Hier erfolgt die eigentliche betriebliche Leistungserstellung (Erstellung externer Produkte). Sie kann unmittelbar an der Produktion mitwirken (Fertigungshauptkostenstelle) (z.B. Gießerei, Montage) oder mittelbar an der Produktion mitwirken (Fertigungshilfskostenstelle), z.B. Arbeitsvorbereitung, Reparaturwerkstatt.

- **Vertriebskostenstellen**
  Die Vertriebskostenstellen beschäftigen sich mit der Verwertung der externen Produkte. Sie umfassen die Absatzlagerung, den Verkauf und den Versand der fertigen Produkte. Beispiele sind die Abteilungen Werbung, Versand- und Abfertigung oder Verpackungslager.

Die Verwaltungs-, Material-, Vertriebs- und allgemeine Kostenstellen zählen zu den Hilfskostenstellen.

Bei der **Bildung von Kostenstellen** müssen folgende drei Grundsätze beachtet werden:[14]

- Jede Kostenstelle muss ein selbständiger Verantwortungsbereich sein, um so eine wirksame Kostenkontrolle zu gewährleisten. Darüber hinaus soll sie möglichst auch eine räumliche Einheit darstellen, um Kompetenzüberschneidungen zu vermeiden.

- Für jede Kostenstelle müssen möglichst verursachungsgerechte Bezugsgrößen ermittelt werden. Ansonsten besteht die Gefahr sowohl einer fehlerhaften Kostenkontrolle als auch einer fehlerhaften Kalkulation.

---

[14] Vgl. KILGER (1992), S. 154f.

- Die Kostenstelle ist so zu wählen, dass sich die Kostenbelege eindeutig und verursachungsgerecht zuordnen lassen.

Die **Anordnung der Kostenstellen** kann anhand der Leistungsbeziehungen der Kostenstellen untereinander erfolgen, dabei unterscheidet man zwischen einseitigen und wechselseitigen Leistungsbeziehungen:

- **Einseitige Leistungsbeziehungen**
  Die Leistungen werden ausschließlich an nachgeordnete Kostenstellen weitergegeben.

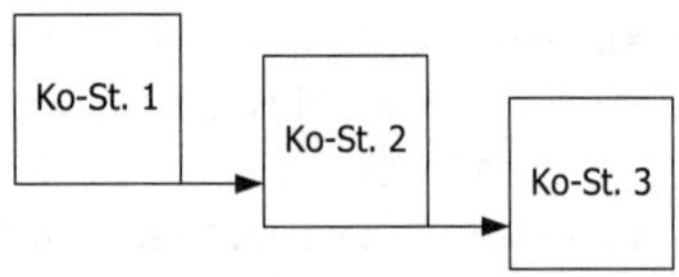

Abb. 4.2: Kostenstellen mit einseitigen Leistungsbeziehungen

- **Wechselseitige Leistungsbeziehungen**
  Die Kostenstellen tauschen gegenseitig Leistungen aus. Eine Anordnung entsprechend des Leistungsempfanges ist nicht möglich.

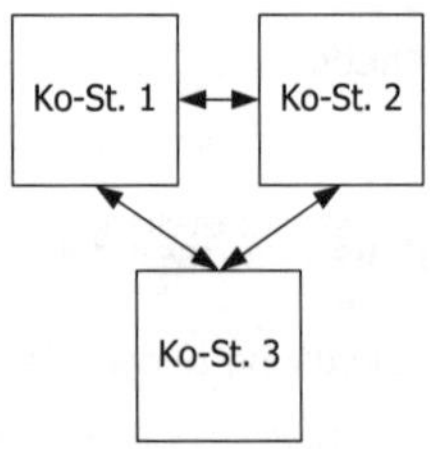

Abb. 4.3: Kostenstellen mit wechselseitigen Leistungsbeziehungen

4.3 Der Betriebsabrechnungsbogen

Der Betriebsabrechnungsbogen (BAB) ist eine Tabelle, in der zeilenweise die Kostenarten und spaltenweise die Kostenstellen aufgeführt sind. Seine Aufgaben sind:

- Verteilung der primären Gemeinkosten auf die Kostenstellen nach dem Verursachungsprinzip,
- Durchführung der innerbetrieblichen Leistungsverrechnung,
- Bildung von Kalkulationssätzen,
- Kontrolle der Kosten bzw. ihre Vorbereitung.[15]

Im BAB werden grundsätzlich nur Gemeinkosten verrechnet, denn die Einzelkosten lassen sich verursachungsgerecht auf die Kostenträger verteilen. Sie werden abrechnungstechnisch „um den BAB herumgeführt"[16]. Die einzelnen Arbeitsschritte des BABs lassen sich wie folgt skizzieren:

1. Schritt	Übernahme der primären Gemeinkosten aus der Kostenartenrechnung in den BAB
2. Schritt	Verteilung der primären Gemeinkosten auf die einzelnen Hilfs- und Hauptkostenstellen • Kostenstelleneinzelkosten können direkt den Kostenstellen zuordnet werden • Kostenstellengemeinkosten müssen indirekt über Verteilungsschlüssel zuordnet werden
3. Schritt	Verteilung der sekundären Gemeinkosten auf die einzelnen Hilfs- und Hauptkostenstellen (innerbetriebliche Leistungsverrechnung)
4. Schritt	Verrechnung der Gemeinkosten auf die Kostenträger und Ermittlung der Kalkulationssätze

Tab. 4.1: Arbeitsschritte im Betriebsabrechnungsbogen

<table>
<tr><th colspan="4">Betriebsabrechnungsbogen</th></tr>
<tr><td colspan="2">Kostenstellen / Kostenart</td><td>Hilfskostenstellen</td><td>Hauptkostenstellen</td></tr>
<tr><td rowspan="2">Primäre Gemein-kosten</td><td>Kostenstellen-einzelkosten</td><td colspan="2">Direkte Zuordnung zu den Kostenstellen</td></tr>
<tr><td>Kostenstellen-gemeinkosten</td><td colspan="2">Zuordnung zu den Kostenstellen mit Hilfe von Verteilungsschlüssel</td></tr>
<tr><td colspan="2">Sekundäre Gemeinkosten</td><td colspan="2">Innerbetriebliche Leistungsverrechnung</td></tr>
<tr><td colspan="3"></td><td>Ermittlung von Kalkulationssätzen</td></tr>
</table>

Abb. 4.4: Formaler Aufbau des Betriebsabrechnungsbogens

[15] HABERSTOCK (2002), S. 115.
[16] Vgl. HABERSTOCK (2002), S. 115.

4.3.1 Verteilung der primären Gemeinkosten

Die primären Gemeinkosten werden nach dem Verursachungsprinzip auf die Kostenstellen verteilt. Eine Verteilung der primären Gemeinkosten auf die Kostenstellen erfolgt auf zwei Arten:

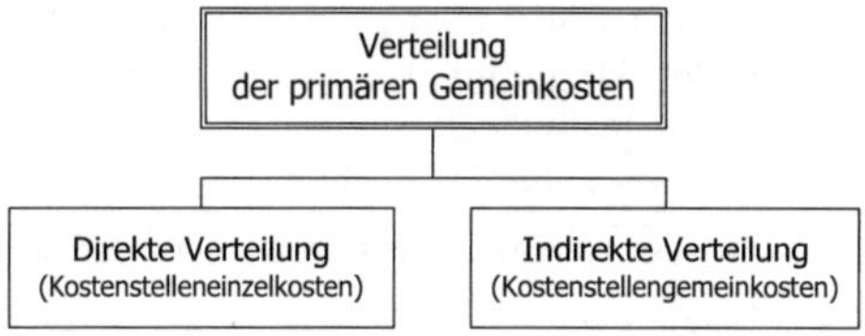

Abb. 4.5: Verteilung der primären Gemeinkosten

- **Direkte Verteilung**
  Bei Kostenstelleneinzelkosten wird aufgrund der Kontierung auf den Kostenartenbelegen genau ersichtlich, welche Stelle die Kosten verursacht hat. Hier ist also eine direkte Zuordnung zur verursachenden Kostenstelle mögliche Beispiele sind Fremdreparaturen oder Fertigungshilfslöhne.

- **Indirekte Verteilung**
  Bei Kostenstellengemeinkosten muss eine Verteilung mit Hilfe von Umlageschlüsseln vorgenommen werden. Diese Kosten sind von mehreren Kostenstellen verursacht worden. Beispiele sind Mieten oder Energiekosten.

Dem jeweiligen Verteilungsschlüssel können unterschiedliche Kriterien zu Grunde liegen. Grundsätzlich unterscheidet man zwischen Mengen- und Wertschlüsseln:[17]

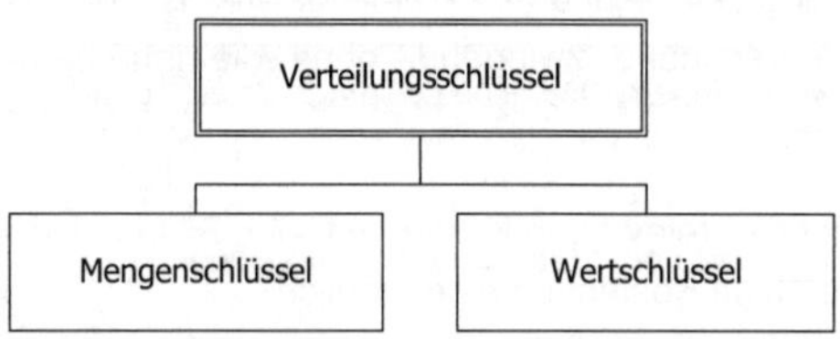

Abb. 4.6: Mengen- und Wertschlüssel

[17] Vgl. EISELE (1998), S. 663.

- **Mengenschlüssel**
  - **Anzahl**
    (z.B. Beschäftigte, PC-Arbeitsplätze, abgesetzte Produkte, erstellte Rechnungen, etc.)
  - **Zeit**
    (Arbeitsstunden, Maschinenstunden, Werktage, etc.)
  - **Raum**
    (Länge, Fläche, Volumen)
  - **Gewicht**
    (Verbrauchsgewicht, Transportgewicht, Gewicht verkaufter Mengen, etc.)
  - **Andere physikalische Größen**
    (gefahrene Kilometer, verbrauchte Kilowattstunden, etc.)

- **Wertschlüssel**
  - **Umsatz**
    (Barumsätze, regionale Umsätze, Versandumsätze, etc.)
  - **Einstand**
    (Wareneingangswert, Wareneinkaufswert, Lagerzugangswert, etc.)
  - **Bestand**
    (Bestandwert von Anlagevermögen, Betriebsstoffe, Zwischenprodukte, etc.)
  - **Kosten**
    (Fertigungslohnkosten, Fertigungsmaterialkosten, Herstellkosten, etc.)
  - **Verrechnungsgrößen**
    (Innerbetriebliche Verrechnungspreise)

4.3.2 Verteilung der sekundären Gemeinkosten

Die Verteilung der sekundären Gemeinkosten (innerbetriebliche Leistungsverrechnung) hat zum Ziel, die Kosten einer Hilfskostenstelle entsprechend ihrer Inanspruchnahme durch andere Hilfs- bzw. Hauptkostenstellen auf diese zu verteilen. Die Verteilung der sekundären Gemeinkosten ist zur Realisierung aller drei Aufgaben der Kostenrechnung zwingend, ohne die innerbetriebliche Leistungsverrechnung.

- sind die maßgebenden relevanten Kosten in vielen Fällen nicht erkennbar,
- ist keine aussagefähige Kostenkontrolle möglich,
- ist keine genaue Kalkulation möglich[18].

[18] HABERSTOCK (2002), S. 125.

Problematisch ist bei der innerbetrieblichen Leistungsverrechnung die Tatsache, dass die Hilfskostenstellen in der Regel untereinander Leistungen austauschen. Eine Hilfskostenstelle kann also ihre Leistungen nicht kalkulieren und abrechnungsgemäß verteilen, bevor sie weiß, mit welchem sekundären Gemeinkostenbetrag sie von den anderen Hilfskostenstellen belastet wird, deren Leistungen sie in Anspruch nimmt. Auf der anderen Seite können die anderen Hilfskostenstellen ihre Leistungen jedoch erst abrechnen, wenn sie die sekundären Gemeinkosten kennen, die ihnen von jeweils anderen Hilfskostenstellen berechnet werden.

Die Verteilung der sekundären Gemeinkosten kann nach unterschiedlichen Verfahren durchgeführt werden:

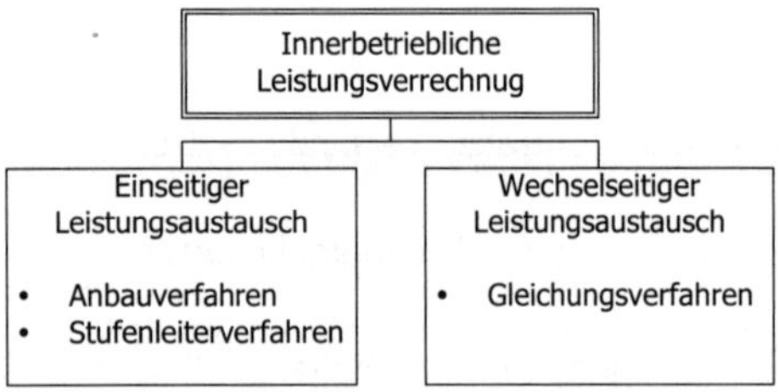

Abb. 4.7: Verfahren der innerbetrieblichen Leistungsverrechnung

4.3.2.1 Anbauverfahren (Blockumlage)

- **Verrechnung**
  Die gesamten Kosten einer Vorkostenstelle werden direkt auf die Endkostenstellen gem. eines adäquaten Verteilungsschlüssels verrechnet.

- **Zweckmäßig**
  ist, wenn zwischen den Hilfskostenstellen und den Hauptkostenstellen eine einseitige Lieferbeziehung besteht.

Beispiel:

Ko.-stelle	**Summe**	**Hilfskostenstellen**			**Hauptkostenstellen**	
Ko.-art	**in €**	**V_1**	**V_2**	**V_3**	**E_1**	**E_2**
Σ primäre Gemeinkosten	**88.000,-**	**10.000**	**15.000**	**18.000**	**15.000**	**30.000**
Umlage V_1		*-10.000*			+ 3.000	+ 7.000
Umlage V_2			*- 15.000*		+ 6.000	+ 9.000
Umlage V_3				*- 18.000*	+ 9.000	+ 9.000
Σ sekundäre Gemeinkosten		**0**	**0**	**0**	**33.000**	**55.000**

Abb. 4.8: Kostenverrechnung nach dem Anbauverfahren

4.3.2.2 Stufenleiterverfahren (Treppenumlage)

- **Verrechnung**
  Die gesamten Kosten einer Vorkostenstelle werden sowohl auf die nachgelagerten Vorkostenstellen als auch auf die Endkostenstellen gemäß eines adäquaten Verteilungsschlüssels verrechnet.

- **Zweckmäßig**
  wenn sowohl zwischen den Vorkostenstellen und den Hauptkostenstellen als auch zwischen Vorkostenstellen untereinander eine einseitige Lieferbeziehungen bestehen.

Beispiel:

Ko.-stelle	**Summe**	**Hilfskostenstellen**			**Hauptkostenstellen**	
Ko.-art	**in €**	**V_1**	**V_2**	**V_3**	**E_1**	**E_2**
Σ primäre Gemeinkosten	**88.000,-**	**10.000**	**15.000**	**18.000**	**15.000**	**30.000**
Umlage V_1		*-10.000*	+ 1.000	+ 2.000	+ 1.000	+ 6.000
Umlage V_2			*- 16.000*	+ 4.000	+ 5.000	+ 7.000
Umlage V_3				*- 24.000*	+ 12.000	+ 12.000
Σ sekundäre Gemeinkosten		**0**	**0**	**0**	**33.000**	**55.000**

Abb. 4.9: Kostenverrechnung nach dem Treppen-/Stufenleiterverfahren

Sind wechselseitige Lieferbeziehungen vorhanden, dann muss die Anordnung der Kostenstellen so gewählt werden, dass die jeweilig geringer bewerteten Leistungsströme vernachlässigt werden könne. Nur so können, die dadurch entstehenden Verrechnungsfehler minimiert werden.

4.3.2.3 Gleichungsverfahren

- **Verrechnung**
  Die gesamten Kosten der Vorkostenstellen werden mit Hilfe von Gleichungsverfahren zunächst untereinander verrechnet. Anschließen werden die neu ermittelten Kosten auf die Hauptkostenstellen verrechnet.

- **Zweckmäßig**
  wenn zwischen den Vorkostenstellen gegenseitige Lieferbeziehungen bestehen.

Beispiel:

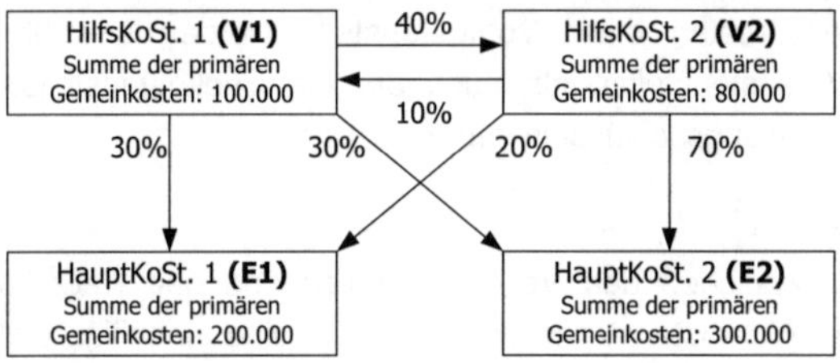

Aufstellen der Gleichungsbeziehungen für die Hilfskostenstellen:

V1 = 100.000 + 0,1 V2
V2 = 80.000 + 0,4 V1

Daraus folgt:

V1 = 100.000 + 0,1 * (80.000 + 0,4 V1)
V1 = 100.000 + 8.000 + 0,04 V1
0,96 V1 = 108.000
V1 = 112.500

V2 = 80.000 + 0,4 * 112.500
V2 = 125.000

Verteilung der Hilfskostenstellen auf die Hauptkostenstellen:

E1 = 200.000 + 0,3 V1 + 0,2 V2
E1 = 200.000 + 0,3 * 112.500 + 0,2 * 125.000
E1 = 200.000 + 33.750 + 25.000
E1 = 258.750

E2 = 300.000 + 0,3 V1 + 0,7 V2
E2 = 300.000 + 0,3 * 112.500 + 0,7 * 125.000
E2 = 300.000 * 33.750 + 87.500

E2 = 421.250

Abb. 4.10: Kostenverrechnung nach den Gleichungsverfahren

4.4 Ermittlung von Zuschlagssätzen

Nach der Verteilung der primären und sekundären Gemeinkosten sind alle Gemeinkosten auf die Hauptkostenstellen verteilt. Als nächster Arbeitsschritt im BAB folgt die Bildung der Kalkulationssätze zur Vorbereitung der Kostenträgerrechnung. Die Kalkulationssätze setzen die Gemeinkosten einer Hauptkostenstelle in Relation zu der jeweiligen Bezugsgröße. Das Hauptproblem bei der Bildung von Kalkulationssätzen ist das Herausfinden der richtigen Bezugsgröße pro Kostenstelle, d.h. genauer Maßstäbe der Kostenverursachung.

$$\text{Materialgemeinkostenzuschlagssatz} = \frac{\text{Materialsgemeinkosten}}{\text{Materialeinzelkosten}} * 100$$

$$\text{Fertigungsgemeinkostenzuschlagssatz} = \frac{\text{Fertigungsgemeinkosten}}{\text{Fertigungseinzelkosten}} * 100$$

$$\text{Verwaltungsgemeinkostenzuschlagssatz} = \frac{\text{Verwaltungsgemeinkosten}}{\text{Herstellkosten}} * 100$$

$$\text{Vertriebsgemeinkostenzuschlagssatz} = \frac{\text{Vertriebsgemeinkosten}}{\text{Herstellkosten}} * 100$$

Die Herstellkosten errechnen sich wie folgt:

	Materialeinzelkosten	
+	Materialgemeinkosten	= Materialkosten
	Fertigungseinzelkosten	
+	Fertigungsgemeinkosten	= Fertigungskosten
+	Sondereinzelkosten der Fertigung	
		Herstellkosten

Beispiel:

	Kostenstellen				
	Material-bereich	Fertigungsbereich A	Fertigungsbereich B	Verwaltungs-bereich	Vertriebs-bereich
Summe der Gemeinkosten	30.000	400.000	500.000	250.000	300.000

An Einzelkosten sind angefallen:

Materialkosten:	375.000
Fertigungslöhne Bereich A:	350.000
Fertigungslöhne Bereich B:	600.000

Zuschlagssatz für Materialgemeinkosten $= \frac{30.000}{375.000} * 100 = 8\ \%$

Zuschlagssatz für Fertigungsgemeinkosten A $= \frac{350.000}{400.000} * 100 = 87{,}5\ \%$

Zuschlagssatz für Fertigungsgemeinkosten B $= \frac{600.000}{500.000} * 100 = 120\ \%$

Ermittlung der Herstellkosten:

	Materialeinzelkosten	375.000		
+	Materialgemeinkosten	30.000	= Materialkosten	405.000
	Fertigungslöhne A	350.000		
+	Fertigungsgemeinkosten A	400.000		
+	Fertigungslöhne B	600.000		
+	Fertigungsgemeinkosten B	500.000	= Fertigungskosten	1.850.000
			= Herstellkosten	2.255.000

Zuschlagssatz für Verwaltungsgemeinkosten $= \frac{250.000}{2.255.000} * 100 = 11{,}09\ \%$

Zuschlagssatz für Vertriebsgemeinkosten $= \frac{300.000}{2.255.000} * 100 = 13{,}3\ \%$

Kostenarten	€	Allgemeine Hilfskostenstellen		Fertigungsstellen					Material	Ver-waltung	Vertrieb
				Fertigungshilfs-kostenstellen		Fertigungshaupt-kostenstellen					
		Grundstücke & Gebäude	Fuhr-park	Werkstatt	Arbeits-vorbereitung	Abt. I	Abt. II	Abt. III			
Gehälter	12.000	1.200	1.440	960	600	1.800	2.040	2.760	840	120	240
Fremdleistungen	1.800	180	306	144		270	306	414	126	18	36
Materialkosten	40.000	4.000	4.800	3.200	2.000	6.000	6.800	9.200	2.800	400	800
Kapitalkosten	2.800	280	336	224	140	420	476	644	196	28	56
Summe Primärkosten	**56.600**	**5.660**	**6.882**	**4.528**	**2.740**	**8.490**	**9.622**	**13.018**	**3.962**	**566**	**1.132**
Umlage Grundstücke & Gebäude		***-5.660***	1.245	57	962	792	623	792	453	453	283
Umlage Fuhrpark			***-8.127***	244	-	975	894	163	163	813	4.876
Umlage Werkstatt				***-4.828***	1.449	966	1.304	1.111			
Umlage Arbeitsvorbereitung					***-5.151***	1.391	1.906	1.854			
Summe Sekundärkosten	**56.600**					**12.614**	**14.348**	**16.938**	**4.577**	**1.832**	**6.291**
Fertigungslöhne						8.700	4.500	7.800			
Fertigungsmaterial									100.000		
Herstellkosten	177.600									177.600	
Ist-Zuschlagssätze						144,99%	318,85%	217,15%	4,58%	1,03%	3,54%

5. Kostenträgerrechnung

Die Kostenträgerrechnung ermittelt, wofür die in den Kostenstellen angefallenen Kosten beansprucht worden sind. Kostenträger sind die betrieblichen Leistungen (Produkte), die den Güter- und Leistungsverzehr verursacht haben.

Nach dem Zeitpunkt der Durchführung der Kalkulation unterscheidet man die Vor-, Zwischen- und Nachkalkulation.

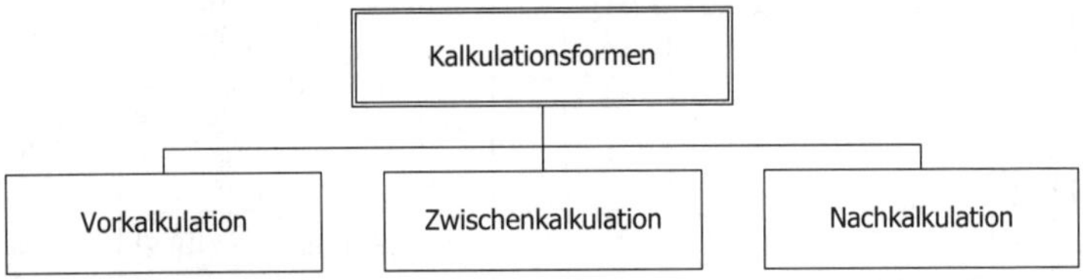

Abb. 5.1: Kalkulationsformen

- **Vorkalkulation**
  Sie wird vor der Leistungserbringung durchgeführt und hat die Beurteilung von Neuproduktionen, Zusatzaufträgen, Erweiterungsinvestitionen etc. zum Ziel. Sie unterscheiden sich von Plankalkulationen dadurch, dass sie auf der Grundlage überschlägig geschätzter Kosten durchgeführt wird. Plankalkulationen hingegen werden auf der Basis exakt ermittelter Kosten erstellt. Sie sind systematischer Bestandteil einer Plankostenrechnung.

- **Zwischenkalkulation**
  Sie kann bei Kostenträgern mit langer Produktionsdauer (z.B. Schwermaschinenbau, Luftfahrtindustrie, Großbauten, etc.) für bilanzielle oder Planungszwecke erforderlich werden. Man kann sie als eine Nachkalkulation für Halbfabrikate interpretieren.

- **Nachkalkulation**
  Sie werden nach der Leistungserbringung erstellt. Ihre Grundlage bilden die Istkosten und dienen insbesondere zur Erfolgskontrolle einzelner Aufträge bzw. zur Überprüfung der Plankalkulationen.

5.1 Ziele und Funktion der Kostenträgerrechnung

Das Ziel der Kostenträgerrechnung ist die Ermittlung der Herstell- und Selbstkosten. Sie liefert damit die notwendigen Daten für:[19]

- die Bewertung der Bestände an Halb- und Fertigfabrikaten sowie selbst erstellten Anlagen in der Handels- und Steuerbilanz (Herstellkosten),
- die Durchführung der kurzfristigen Erfolgsrechnung nach dem Gesamt- oder Umsatzkostenverfahren (Herstell- oder Selbstkosten),
- preispolitische Entscheidungen, z.B. für die Ermittlung der Preisuntergrenzen, die Ermittlung der gewinnmaximalen Preisstellung bei Marktaufträgen aufgrund der vermuteten betriebsindividuellen Nachfragekurve oder die Ermittlung so genannter Selbstkostenpreise aufgrund vertraglicher Vereinbarungen, insbesondere mit öffentlichen Auftraggebern (Selbstkosten),
- Problemstellungen innerhalb der Planungsaufgaben, z.B. für Entscheidungsmodelle des Operations Research (Herstell- und/oder Selbstkosten).
- die Ermittlung von Verrechnungspreisen (Selbstkosten).

Die Kostenträgerrechnung erfüllt diese Funktion in Form der Kostenträgerstückrechnung bzw. als Kostenträgerzeitrechnung.

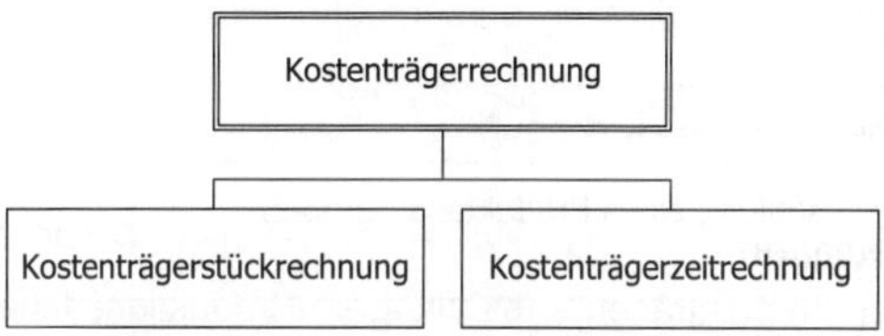

Abb. 5.2: Kostenträgerrechnung

Kostenträger können sowohl Absatz- als auch innerbetriebliche Leistungen sein.

[19] Vgl. HABERSTOCK (2002), S144f.

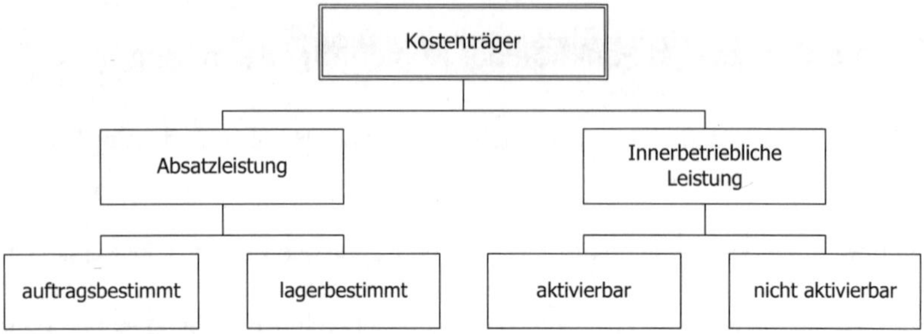

Abb. 5.3: Arten der Kostenträger

5.2 Kostenträgerstückrechnung (Kalkulation)

Die Kostenträgerstückrechnung ist eine einzelleistungsbezogene Rechnung und ermittelt die Selbst- bzw. Herstellkosten der betrieblichen Leistungseinheiten. Sie ist die Kalkulation (Selbstkostenrechnung, Stückkostenrechnung). Man unterscheidet bei den Kalkulationsverfahren zwischen zwei Hauptgruppen: die Divisionskalkulation (einschließlich der Unterform der Äquivalenzziffernkalkulation) und die Zuschlagskalkulation in ihren verschiedenen Varianten.

Fertigungsmethode		**Kalkulationsverfahren**
Massenfertigung	Herstellung eines Produktes in großen Mengen	Divisionskalkulation
Sortenfertigung	Herstellung weniger Produktarten in einer verwandten Materialzusammensetzung	Äquivalenzziffernkalkulation
Kuppelfertigung	Herstellung verschiedener Produkte, wobei bei der Herstellung des Hauptproduktes noch andere, meistens wirtschaftlich verwertbare Nebenprodukte anfallen	Kuppelkalkulation
Einzelfertigung	Herstellung verschiedener Produkte in meist unterschiedlichen Arbeitsabläufen	Zuschlagskalkulation
Serienfertigung	Herstellung kleiner bis großer Mengen verschiedener Produkte	Prozesskostenkalkulation

Tab. 5.1: Fertigungsmethoden und Kalkulationsverfahren

5.2.1 Divisionskalkulation

Divisionskalkulationen sind dadurch gekennzeichnet, dass man stets die Gesamtkosten des Betriebes oder einzelner Betriebsbereiche, ohne dass man hierbei zwischen Einzel- und Gemeinkosten differenziert, durch die hergestellten oder abgesetzten Stückzahlen dividiert. Die Erstellung einer Kostenstellenrechnung (BAB) ist für die Kalkulation nicht zwingend erforderlich.

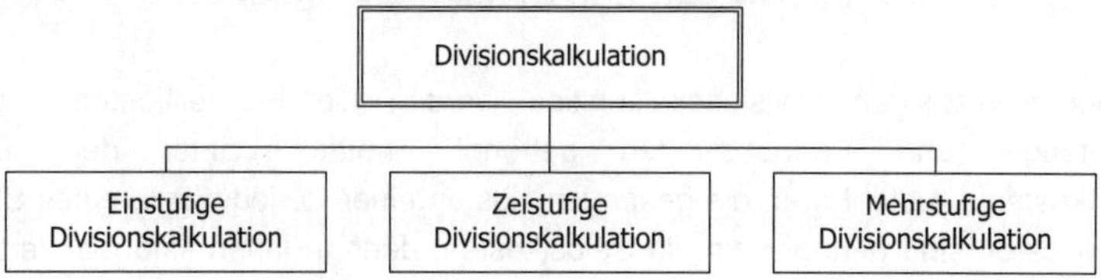

Abb. 5.4: Divisionskalkulation

5.2.1.1 Einstufige Divisionskalkulation

Bei der einstufigen Divisionskalkulation werden die Gesamtkosten der Abrechnungsperiode durch die in dieser Periode produzierte Leistungsmenge dividiert. Um jedoch mit diesem Kalkulationsverfahren aussagefähige Ergebnisse zu erhalten, müssen einige Voraussetzungen erfüllt sein:[20]

- Es muss sich um einen Einprodukt-Betrieb (bzw. -Betriebsbereich) handeln.
- Es dürfen keine Lagerbestandsveränderungen an Halbfabrikaten entstehen.
- Es dürfen keine Lagerbestandsveränderungen an Fertigfabrikaten entstehen.

Da alle drei Voraussetzungen gleichzeitig erfüllt sein müssen, ist die einstufige Divisionskalkulation in der Praxis kaum relevant.

$$\text{Stückkosten} = \frac{\text{Gesamtkosten}}{\text{Produktionsmenge}}$$

[20] Vgl. HABERSTOCK (2002), S. 149.

Beispiel:

Gesamtkosten: 800.000,-
Produktionsmenge: 100.000

$$\text{Stückkosten} = \frac{800.000,-}{100.000 \text{ St.}} = 8,- \text{ pro St.}$$

5.2.1.2 Zweistufige Divisionskalkulation

Bei der zweistufigen Divisionskalkulation werden die Herstellkosten und die Verwaltungs- und Vertriebskosten getrennt ermittelt. Unter dem Begriff „Selbstkosten" versteht man die gesamten Kosten einer Periode bzw. eines Stücks. Herstellkosten sind geringer als die Selbstkosten, denn in ihnen sind die Vertriebs- und Verwaltungskosten nicht enthalten. Aus der Addition der Herstellkosten mit den Verwaltungs- und Vertriebskosten ergeben sich die Selbstkosten. Bei dieser Form der Divisionskalkulation ist somit schon eine (einfache) Kostenstellenrechnung erforderlich. Des Weiteren muss man die dritte Voraussetzung für die Anwendung der Divisionskalkulation (siehe 4.2.1.1) aufheben, d.h. man lässt also Unterschiede zwischen Produktions- und Absatzmengen zu.

$$\text{Stückkosten} = \frac{\text{Herstellkosten}}{\text{Produktionsmenge}} + \frac{\text{Verwaltungs- + Vertriebskosten}}{\text{Absatzmenge}}$$

Beispiel:

Herstellkosten: 800.000,-
Verwaltungs- und Vertriebskosten: 400.000,-
Produktionsmenge: 100.000,-
Lagerbestand am Jahresanfang: 50.000 St.
Lagerbestand am Jahresende: 30.000 St.

Daraus folgt:

Absatzmenge = Produktionsmenge + Lagerbestandsminderung
Absatzmenge = 100.000 + (50.000 – 30.000) = 120.000 St.

$$\text{Stückkosten} = \frac{800.000}{100.000 \text{ St.}} + \frac{480.000}{120.000 \text{ St.}} = 8 + 4 = 12,- \text{ pro Stk.}$$

5.2.1.3 Mehrstufige Divisionskalkulation

Sollten in einem Unternehmen mehrere Produktionsstufen vorhanden sein und es können zwischen diesen Stufen bei Halbfertigfabrikaten Lagerbestandsveränderungen auftreten, so findet die mehrstufige Divisionskalkulation hier ihre Anwendung. Bei dieser differenzierenden Kalkulation werden die Kosten jeder Stufe durch die bearbeiteten Mengen dividiert. Jede Produktionsstufe gibt also ihre Leistungen zu den bis dahin angefallenen Stückkosten entweder an die nachfolgende Stufe oder an ein Zwischenlager ab.

Will man die mehrstufige Divisionskalkulation anwenden, so muss man die zweite und die dritte Voraussetzung für die Anwendung der Divisionskalkulation (siehe 4.2.1.1) aufheben, d.h. man lässt also Unterschiede zwischen Produktions- und Absatzmengen zu und man lässt darüber hinaus auch Lagerbestandsveränderungen zwischen den einzelnen Produktionsstufen zu.

$$k = k_m + \frac{K_{F1}}{x_{p1}} + \frac{K_{F2}}{x_{p2}} + \ldots + \frac{K_{Fn}}{x_{pn}} + \frac{K_{V+V}}{x_a}$$

k = Stückkosten
k_m = Materialkosten
K_{Fi} = Kosten des Fertigungsbereichs i (i= 1,2,…,n)
K_{V+V} = Verwaltungs- und Vertriebskosten
x_{pi} = Produktionsmenge des Fertigungsbereichs i
x_a = Absatzmenge

Beispiel:

Materialkosten pro Stück:	10,-
Kosten des Fertigungsbereichs 1:	600.000,-
Produktionsmenge des Fertigungsbereichs 1:	300.000 St.
Kosten des Fertigungsbereichs 2:	1.000.000,-
Produktionsmenge des Fertigungsbereichs 2:	100.000 St.
Verwaltungs- und Vertriebskosten:	400.000,-
Absatzmenge:	50.000 St.

$$\text{Stückkosten} = 10 + \frac{600.000}{300.000\text{ St.}} + \frac{1.000.000}{100.000\text{ St.}} + \frac{400.000}{50.000\text{ St.}} = 30,\text{- pro St.}$$

5.2.2 Äquivalenzziffernkalkulation

Die Äquivalenzziffernkalkulation wird verwendet, wenn das Unternehmen artverwandte Produkte (Sorten) herstellt. Die Äquivalenzziffernkalkulation beruht auf der Tatsache, dass bei einer Sortenfertigung die Kosten der verschiedenen Produktarten aufgrund der fertigungstechnischen Ähnlichkeiten in einem vorbestimmten Verhältnis zueinander stehen.

Die Äquivalenzziffer eines Produktes (Gewichtungsziffer, Wertigkeitsziffer, Umrechnungsfaktor, Verhältniszahl der Kostenbelastung) gibt an, in welchem Verhältnis die Kosten dieses Produktes zu den Kosten eines Einheitsproduktes (Einheitssorte, Bezugssorte, Richtsorte) stehen.

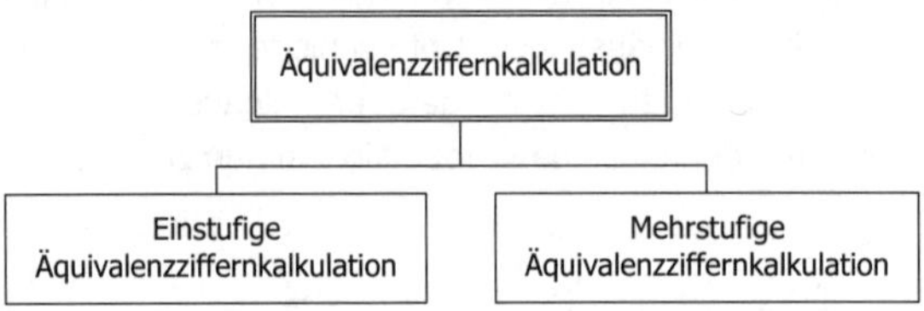

Abb. 5.5: Äquivalenzziffernkalkulation

5.2.2.1 Einstufige Äquivalenzzifferkalkulation

Bei der einstufigen Äquivalenzziffernkalkulation werden die Gesamtkosten der Periode auf die verschieden Sorten umgerechnet. Eine Trennung zwischen Herstellkosten und Vertriebs- und Verwaltungskosten geschieht nicht. Auch werden Halb- und Fertigfabrikate nicht bewertet.

$$k_i = \frac{K}{a_1x_1 + a_2x_2 + \ldots + a_nx_n} * a_i$$

k_i = Stückselbstkosten des Produktes i (i= 1,2,…,n)

a_i = Äquivalenzziffer des Produktes i

x_i = Menge des Produktes i

Die Kalkulation erfolgt in folgenden Schritten:

Beispiel:

Ein Unternehmen stellt ein Produkt in vier verschiedenen Sorten her (I, II, III und IV). Aus der Kostenartenrechnung lassen sich Gesamtkosten in Höhe vom 1.400.000,- für die Abrechnungsperiode entnehmen.

Produktionsmenge je Sorte:

I = 3.000 t
II = 4.000 t
III = 7.000 t
IV = 1.000 t

1. Schritt: Bestimmung der Einheitssorte und Ermittlung der Äquivalenzziffern

Sorte	Frühere Ist-Kosten je t	Rechenschritt	Äquivalenzziffern
I	110	wird auf 1 gesetzt!	= **1**
II	88	$\frac{88}{110}$	= 0,8
III	99	$\frac{99}{110}$	= 0,9
IV	132	$\frac{132}{110}$	= 1,2

2. Schritt: Ermittlung der Stückkosten

$$k_I = \frac{1.400.000}{1*3.000 + 0,8*4.000 + 0,9*7.000 + 1,2*1.000} * 1 = 102,19 \text{ pro t}$$

$$k_{II} = \frac{1.400.000}{1*3.000 + 0,8*4.000 + 0,9*7.000 + 1,2*1.000} * 0,8 = 81,75 \text{ pro t}$$

$$k_{III} = \frac{1.400.000}{1*3.000 + 0,8*4.000 + 0,9*7.000 + 1,2*1.000} * 0,9 = 91,97 \text{ pro t}$$

$$k_{IV} = \frac{1.400.000}{1*3.000 + 0,8*4.000 + 0,9*7.000 + 1,2*1.000} * 1,2 = 122,63 \text{ pro t}$$

5.2.2.2 Mehrstufige Äquivalenzzifferkalkulation

Mit Hilfe der mehrstufigen Äquivalenzziffernkalkulationen soll die unterschiedliche Kostenverursachung aufgrund von Abweichungen zwischen Produktions- und Absatzmengen sowie aufgrund nichtsynchroner Produktion erfasst werden. Es werden deshalb mehrere Äquivalenzziffernreihen für die verschiedenen Bereiche (Kostenstellen) gebildet. Diese Äquivalenzziffernreihen müssen nicht zwingend unterschiedlich sein. Verwendet man dagegen für die erste Fertigungsstufe eine andere Ziffernreihe als z.B. für die zweite Fertigungsstufe, so ist dies ein Zeichen dafür, dass die Relationen der Kostenverursachung zwischen den einzelnen Sorten von Fertigungsstufe zu Fertigungsstufe schwanken.

Beispiel:

Ein Unternehmen stellt ein Produkt in drei verschiedenen Sorten her (I, II, III).

Produktionsmenge je Sorte:

I = 3.000 St.
II = 4.000 St.
III = 7.000 St.

Aufgrund langjähriger Beobachtung sind folgende Äquivalenzziffern errechnet worden:

Kostenart	Kosten	Äquivalenzziffern		
		I	II	III
Materialkosten	400.000	1,2	1	0,5
Fertigungskosten	600.000	1	1,2	0,7
Verwaltungs- + Vertriebskosten	200.000	0,8	0,7	1

1. Schritt: Ermittlung der Materialkosten

$$k_I = \frac{400.000}{1,2*3.000 + 1*4.000 + 0,5*7.000} * 1,2 = 43,24 \text{ pro St.}$$

$$k_{II} = \frac{400.000}{1,2*3.000 + 1*4.000 + 0,5*7.000} * 1 = 36,04 \text{ pro St.}$$

$$k_{III} = \frac{400.000}{1,2*3.000 + 1*4.000 + 0,5*7.000} * 0,5 = 18,02 \text{ pro St.}$$

2. Schritt: Ermittlung der Fertigungskosten

$$k_I = \frac{600.000}{1*3.000 + 1,2*4.000 + 0,7*7.000} * 1 = 47,24 \text{ pro St.}$$

$$k_{II} = \frac{600.000}{1*3.000 + 1,2*4.000 + 0,7*7.000} * 1,2 = 56,69 \text{ pro St.}$$

$$k_{III} = \frac{600.000}{1*3.000 + 1,2*4.000 + 0,7*7.000} * 0,7 = 33,07 \text{ pro St.}$$

3. Schritt: Ermittlung der Verwaltungs- + Vertriebskosten

$$k_{I} = \frac{200.000}{0,8*3.000 + 0,7*4.000 + 1*7.000} * 0,8 = 13,11 \text{ pro St.}$$

$$k_{II} = \frac{200.000}{0,8*3.000 + 0,7*4.000 + 1*7.000} * 0,7 = 11,47 \text{ pro St.}$$

$$k_{III} = \frac{200.000}{0,8*3.000 + 0,7*4.000 + 1*7.000} * 1 = 16,39 \text{ pro St.}$$

5.2.3 Zuschlagskalkulation

Die Zuschlagskalkulation basiert auf einer Trennung zwischen Einzel- und Gemeinkosten. Die Einzelkosten werden den Leistungen verursachungsgemäß direkt zugerechnet, während die Gemeinkosten mit Hilfe von Kalkulationssätzen zugeschlagen werden. Eine Kostenstellenrechnung (BAB) ist unerlässliche Voraussetzung für diese Kalkulationsform, denn nur mit ihrer Hilfe können die Kalkulationssätze ermittelt werden.

Die Zuschlagskalkulationen unterteilt man üblicherweise in summarische und differenzierende Verfahren.

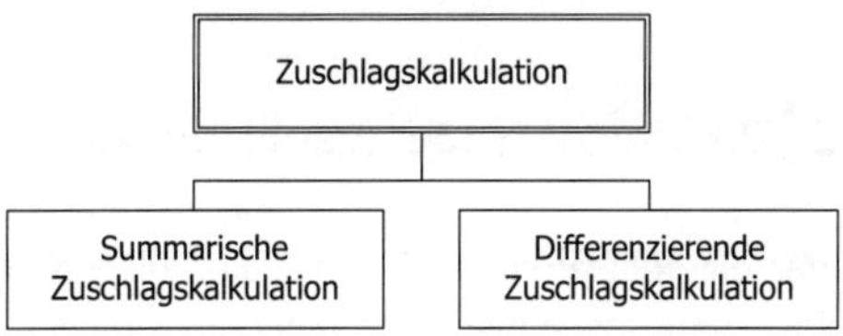

Abb. 5.6: Zuschlagskalkulation

5.2.3.1 Summarische Zuschlagskalkulation

Bei der summarischen oder kumulativen Zuschlagskalkulation werden die Gemeinkosten in einer Summe zusammengefasst und dann über einen einzigen Zuschlagssatz dem Kostenträger zugerechnet.

Als Bezugsgröße zur Errechnung des Zuschlagssatzes können die Materialeinzelkosten oder die Fertigungseinzelkosten oder die Summe aus diesen beiden Kostenartengruppen oder die Fertigungszeit herangezogen werden. Die summarische Zuschlagskalkulation ist zwar sehr einfach zu handhaben, jedoch nur für grobe Kalkulationen geeignet.

$$\text{Zuschlagssatz} = \frac{\text{Summe der Gemeinkosten der Periode}}{\text{Summe der Einzelkosten der Periode}} * 100$$

Beispiel:

Fertigungsmaterial:	400.000
Fertigungslöhne:	500.000
Summe der Einzelkosten:	900.000
Summe der Gemeinkosten:	270.000

$$\text{Zuschlagssatz} = \frac{270.000}{900.000} * 100 = 30\%$$

	Produkt I	**Produkt II**	**Produkt III**
Einzelkosten pro St.	10,00	12,00	18,00
Gemeinkostenzuschlagssatz 30%	3,00	3,60	5,40
Selbstkosten pro St.	13,00	15,60	23,40

5.2.3.2 Differenzierende Zuschlagskalkulation

Bei den Verfahren der differenzierenden Zuschlagskalkulation verrechnet man die Gemeinkosten nicht mehr summarisch, sondern nach Betriebsbereichen (Kostenstellen bzw. Kostenplätzen) differenziert als Zuschlag auf unterschiedliche Bezugsgrößen.

Material-einzelkost.	Material-gemeinkost.	Fertigungs-einzelkost.	Fertigungs-gemeinkost.	Sonder-einzelkost. der Fertig.		
Materialkosten		Fertigungskosten				
Herstellkosten						
				Verwaltungs-gemeinkost.	Vertriebs-gemeinkost.	Sonder-einzelkosten d. Vertriebs
Selbstkosten						

Tab. 5.2: Schema zur differenzierenden Zuschlagskalkulation

Werden nun (entsprechend dem Kalkulationsschema) die Fertigungsgemeinkosten nach Kostenstellen differenziert als Zuschlagssatz auf die dazugehörigen Fertigungseinzellöhne verrechnet, so ist dies eine diffenzierende (elektive) Kalkulationsform. Sie stellt eine Verfeinerung der summarischen Zuschlagskalkulation dar und ist in der kostenrechnerischen Praxis weit verbreitet.

Beispiel:

Materialgemeinkostenzuschlagssatz: 10%
Fertigungsgemeinkostenzuschlagssatz Stelle I: 30%
Fertigungsgemeinkostenzuschlagssatz Stelle II: 40%
Verwaltungs- und Vertriebsgemeinkostenzuschlagssatz: 20%

	Materialeinzelkosten	10,00			
+	Materialgemeinkosten (10%)	1,00	=	**Materialkosten**	**11,00**
+	Fertigungseinzelkosten I	5,00			
+	Fertigungsgemeinkosten I (30%)	1,50			
+	Fertigungseinzelkosten II	8,00			
+	Fertigungsgemeinkosten II (40%)	3,20			
+	Sondereinzelkosten der Fertigung	1,00	+	**Fertigungskosten**	**18,70**
			=	**Herstellkosten**	**29,70**
+	Verwalt.- + Vertr.-gem.-ko. (20%)	5,94			
+	Sondereinzelko. des Vertriebs	1,06	+	**V.u.V.-kosten**	**7,00**
			=	**Selbstkosten**	**36,70**

5.2.3.3 Bezugsgrößenkalkulation

Bei der Bezugsgrößenkalkulation werden im Gegensatz zur Zuschlagskalkulation insbesondere die Fertigungsgemeinkosten differenzierter verrechnet. Als Bezugsgrößen werden Mengengrößen verwendet, wie z.B.

- Akkordzeiten,
- Maschinenzeiten,
- Rüstzeiten,
- Gewichte etc.

Die Fertigungseinzellöhne werden häufig über die Vorgabezeiten in das Bezugsgrößensystem einbezogen. Bei der Bezugsgrößenkalkulation wird innerhalb der Kostenstelle nicht ein pauschaler Zuschlagssatz für alle Gemeinkosten der Stelle verwendet, sondern es werden innerhalb der Stellen die Zuschläge weiter differenziert. So verwendet man unterschiedliche Bezugsgrößen für die Gemeinkosten einer Kostenstelle. So kann man etwa eine Unterscheidung der Kalkulationssätze im Materialbereich nach Wert und Menge des Materials treffen oder im Vertriebsbereich nach Produktgruppen.

Beispiel:						
	Materialeinzelkosten		10,00			
+	Materialgemeinkosten (10%)		1,00	=	**Materialkosten**	**11,00**
+	Fertigungseinzelkosten I					
	10 kg Durchsatzgewicht	a 1,00	10,00			
	20 Maschinenminuten	a 10,00	200,00			
+	Fertigungseinzelkosten II					
+	10 Akkordminuten	a 1,50	15,00			
+	Sondereinzelkosten der Fertigung		30,00	+	**Fertigungskosten**	**255,00**
				=	**Herstellkosten**	**266,00**
+	Verwalt.- + Vertr.-gem.-ko. (20%)		53,20			
+	Sondereinzelko. des Vertriebs		6,80	+	**V.u.V.-kosten**	**60,00**
				=	**Selbstkosten**	**326,00**

5.2.4 Kuppelkalkulation

Es gibt Produktionsprozesse, bei denen aus natürlichen oder technischen Gründen zwangsläufig verschiedene Produkte hergestellt werden bzw. anfallen. Man spricht dann von Kuppelproduktionen (verbundene Produktionen). Beispiele für Kuppelprodukte findet man in der Kokerei (Koks, Gas, Teer, Benzol, Ammoniak, etc.), in der chemischen Industrie, beim Hochofenprozess (Roheisen, Gichtgas, Schlacke), in Raffinerien (Benzine, Öle, Gase) oder in Sägewerken.

Ziel der Kuppelkalkulation ist es, die Gesamtkosten des Prozesses auf die einzelnen Kuppelprodukte zu verteilen. Eine verursachungsgerechte Kalkulation ist hierbei nicht möglich. Bei dieser Vorgehensweise ist es folglich nicht möglich zu ermitteln, welcher Anteil an den Gesamtkosten des Kuppelprozesses von welchem Produkt verursacht wurde. Die Kuppelkalkulationsmethoden unterteilt man üblicherweise in die Restwert- oder Subtraktionsmethode und in die Verteilungsmethode.

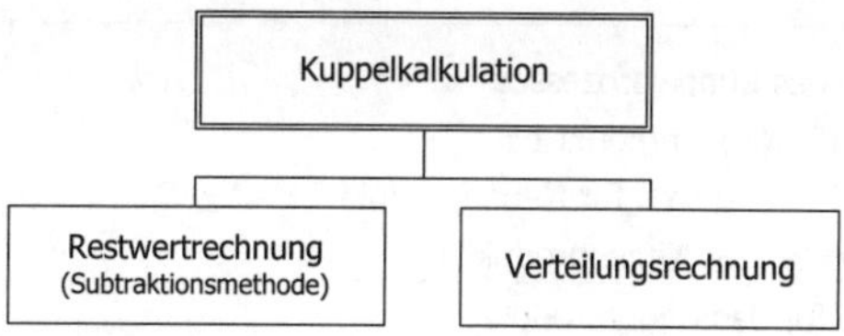

Abb. 5.7: Kuppelkalkulation

5.2.4.1 Restwertrechnung

Die Restwertmethode eignet sich als Kalkulationsverfahren immer dann, wenn sich die Kuppelprodukte in ein Hauptprodukt und in Nebenprodukte (ggfs. auch Abfallprodukte) einteilen lassen. Das Hauptprodukt wird jedoch als der tatsächliche Träger der Gesamtkosten angesehen.

Überschüsse, die sich aus den Neben- und Abfallprodukten ergeben, werden von den Gesamtkosten subtrahiert. Etwaige zusätzlich aus der Verwertung der Neben- und Abfallprodukte entstehende Unterdeckungen (z.B. Entsorgungskosten für Abfallprodukte) werden zu den Gesamtkosten addiert.

	Herstellkosten des Kuppelproduktionsprozesses
-	Umsatzerlöse aus Nebenprodukten
+	Weiterbearbeitungskosten für Nebenprodukte
=	Herstellkosten des Hauptproduktes (Weiterverrechnung durch Divisionskalkulation)

Beispiel:

Herstellkosten des Kuppelprozesses:	100.000,-
Produktionsmengen:	
Hauptprodukt	1.000 t
Nebenprodukt I	300 t
Nebenprodukt II	150 t
Erlöse:	
Nebenprodukt I je t	100,-
Nebenprodukt II je t	0,-
Kosten:	
Weiterverarbeitung Nebenprodukt I je t	40,-
Entsorgung Nebenprodukt II je t	30,-

	Herstellkosten des Kuppelprozesses	100.000
-	Umsatzerlöse für Nebenprodukt I	30.000
+	Weiterverarbeitungskosten für Nebenprodukt I	12.000
+	Entsorgungskosten für Nebenprodukt II	4.500
=	Herstellkosten für das Hauptprodukt	86.500

$$\text{Herstellkosten pro Tonne für das Hauptprodukt} = \frac{86.500}{1.000\ t} = 86{,}5 \text{ pro t}$$

5.2.4.2 Verteilungsrechnung

Die Verteilungsrechnung findet Anwendung, wenn sich kein eindeutiges Hauptprodukt identifizieren lässt. Die Gesamtkosten werden mit Hilfe von Äquivalenzziffern auf die einzelnen Kuppelprodukte verteilt. In der Regel werden Marktpreise als Äquivalenzziffern verwendet (Marktpreisäquivalenzziffernmethode).[21]

[21] Vgl. DÄUMLER /GRABE (2003), S. 328.

Beispiel:		
Herstellkosten des Kuppelprozesses:	470.000,-	
Marktpreise je kg:		
Produkt I	2,20	Äqui-ziff. = 2,2
Produkt II	1,20	Äqui-ziff. = 1,2
Produkt III	1,00	Äqui-ziff. = 1
Produktionsmengen in kg:		
Produkt I	1.250	
Produkt II	1.000	
Produkt III	750	

$$k_I = \frac{470.000}{2,2*1.250 + 1,2*1.000 + 1*750} * 2,2 = 220,\text{- pro kg.}$$

$$k_{II} = \frac{470.000}{2,2*1.250 + 1,2*1.000 + 1*750} * 1,2 = 120,\text{- pro kg.}$$

$$k_{III} = \frac{470.000}{2,2*1.250 + 1,2*1.000 + 1*750} * 1 = 100,\text{- pro kg.}$$

5.3 Kostenträgerzeitrechnung

Die Kostenträgerzeitrechnung ist eine Periodenrechnung und ermittelt die in der Abrechnungsperiode insgesamt angefallenen Kosten. Sie kann wie die Kostenstellenrechnung entweder in kontenmäßiger oder in statistisch-tabellarischer Form durchgeführt werden. Sie wird vielfach mit der kurzfristigen Erfolgsrechnung (Betriebsergebnisrechnung) gleichgesetzt.

Zweck der Betriebsergebnisrechnung ist die Bereitstellung von für die Unternehmensleitung entscheidungsrelevanten Informationen über den kurzfristigen Erfolg. Die Betriebsergebnisrechnung wird im Gegensatz zum handelsrechtlichen Jahresabschluss i.d.R. unterjährig erstellt. Vielfach werden Betriebsergebnisrechnungen monatlich oder zumindest quartalsweise erstellt. Die Ermittlung des Betriebsergebnisses kann sowohl mit Hilfe des Gesamtkostenverfahrens als auch mit Hilfe des Umsatzkostenverfahrens erfolgen.

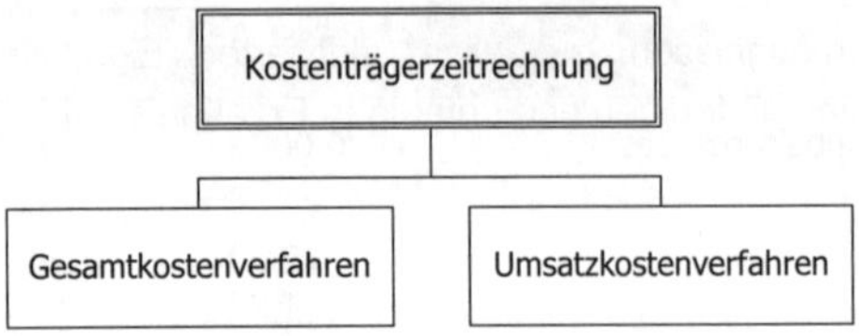

Abb. 5.8: Kostenträgerzeitrechnung

Der Unterschied beider Verfahren besteht im Umfang der angesetzten Kosten bzw. Leistungen. Beide Verfahren führen jedoch letztendlich zum gleichen Betriebsergebnis.

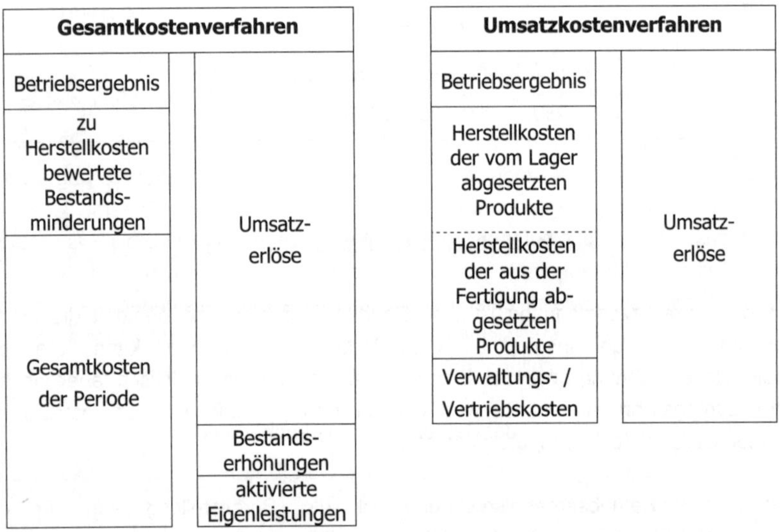

Abb. 5.9: Gesamtkosten- / Umsatzkostenverfahren

5.3.1 Gesamtkostenverfahren

Beim Gesamtkostenverfahren ergibt sich das Betriebsergebnis, indem von den in der Periode produzierten Gesamtleistungen sämtliche durch den Produktionsprozess der Periode bedingte Kosten subtrahiert werden. Die in der Periode produzierten Gesamtleistungen umfassen die Umsätze zuzüglich Bestandserhöhungen an fertigen und unfertigen Erzeugnissen zuzüglich aktivierter Eigenleistungen abzüglich Bestandsminderungen an fertigen und unfertigen Erzeugnissen.

	Umsatzerlöse
+/-	Bestandsveränderungen bei unfertigen Erzeugnissen
+/-	Bestandsveränderungen bei fertigen Erzeugnissen
+	Aktivierte Eigenleistungen
=	Gesamtleistung
-	Gesamtkosten (Einzel- und Gemeinkosten)
=	Betriebserfolg

5.3.2 Umsatzkostenverfahren

Beim Umsatzkostenverfahren werden zur Ermittlung des Betriebsergebnisses nur die Kosten der abgesetzten Produkte und Dienstleistungen vom Umsatz abgezogen. Hierbei wird jedoch bei Kosten für die abgesetzten Produkte nicht unterschieden, ob die Produkte in der abgelaufenen Periode gefertigt wurden oder ob bisher auf Lager befindliche Produkte abgesetzt wurden. Bestandsveränderungen bei unfertigen und fertigen Produkten sowie in einer Periode aktivierte Eigenleistungen werden nicht explizit als Leistungen berücksichtigt. Auf der anderen Seite werden aber auch nicht die Kosten für die Herstellung der in einer Periode gefertigten und auf Lager genommenen unfertigen und fertigen Produkte sowie die Kosten für die Herstellung aktivierter Eigenleistungen in der Betriebsergebnisrechnung erfasst.

	Umsatzerlöse
-	Selbstkosten der abgesetzten Produkte
=	Betriebserfolg

6. Deckungsbeitragsrechnung

Deckungsbeitragsrechnung					
Stückrechnung			**Zeitrechnung**		
	Umsatzerlöse pro Stück	(e)		Gesamte Umsatzerlöse	(E)
-	variable Stückkosten	(k_{var})	-	Gesamte variable Kosten	(K_{var})
=	Deckungsbeitrag pro Stück	(db)	=	Gesamtdeckungsbeitrag	(DB)
			-	Gesamte fixe Kosten	(K_{fix})
			=	Betriebserfolg	(G)

Tab. 6.1: Deckungsbeitragsrechnung

6.1 Mängel der Vollkostenrechnung

Bei den bisher dargestellten Verfahren der Kostenrechnung wurden folgende Tatsachen vorausgesetzt:

- Alle Kosten wurden auf die Produkte (Kostenträger) umgelegt (Vollkostenprinzip).
- Veränderungen des Beschäftigungsgrades wurden vernachlässigt. So sinken z.B. die fixen Kosten pro Stück mit steigender Ausbringungsmenge und umgekehrt.

Bei rückläufiger Beschäftigung müssen die Kosten nicht im gleichen Maße sinken wie sie bei zunehmender Beschäftigung steigen. Diese Tatsache wird als Kostenremanenz bezeichnet und lässt sich damit begründen, dass bei einem Beschäftigungsrückgang die vorhandenen Maschinen nicht sofort stillgelegt können und die betroffenen Mitarbeiter nicht gleich entlassen werden können (1. Fall) bzw. die Mitarbeiter aus Furcht vor Entlassung die Arbeit strecken (2. Fall).

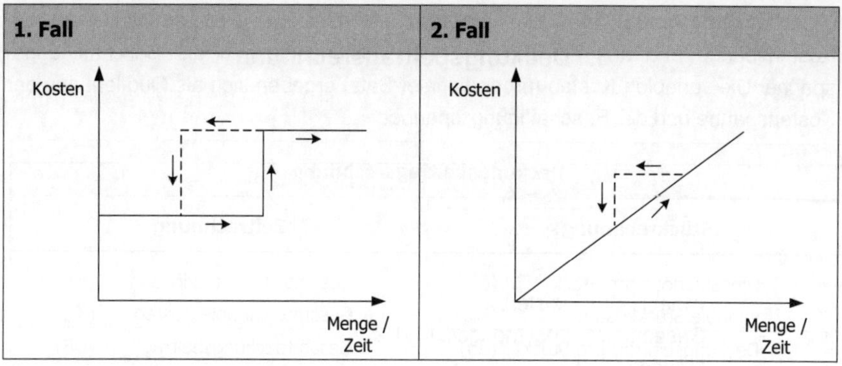

Abb. 6.1: Kostenremanenz

6.2 Verfahren der Kostenauflösung

Um die Kosten in der Teilkostenrechnung zu verwenden, ist es notwendig, dass die Kosten in fixe und variable Bestandteile zerlegt werden. Für die Trennung der Gesamtkosten in fixe und variable Bestandteile wurden verschiedene Verfahren zur Kostenauflösung (Kostenspaltung) entwickelt.

6.2.1 Buchhalterische Methode

Bei der buchhalterischen Methode wird jeder einzelne Kostenbetrag untersucht inwieweit er in Bezug auf die Beschäftigung variablen oder fixen Charakter hat. Hierbei baut man auf den Erfahrungen der Vergangenheit auf und ordnet die Kosten entsprechend. Die Problematik dieses Verfahrens liegt in seiner Grobheit und der Willkürlichkeit, da für die Kostenauflösung keine objektiven Kriterien zugrunde gelegt werden.[22]

6.2.2 Mathematische Methode

Bei dem mathematischen Verfahren (Kostenauflösung mit Hilfe des proportionalen Satzes) ermittelt man die Gesamtkosten bei zwei unterschiedlichen Leistungsmengen

[22] Vgl. EISELE (1998), S. 726.

(Beschäftigungsgrade). Aus der Differenz der Gesamtkosten ermittelt man die Kostenspanne und aus der Differenz der Leistungsmengen die Beschäftigungsspanne. Die variablen Kosten (proportionaler Satz) ergeben sich als Quotient aus der Kostenspanne und der Beschäftigungsspanne.

$$k_{var} = \frac{K_2 - K_1}{x_2 - x_1}$$

k_{var}	=	variable Stückkosten
K_i	=	Gesamtkosten bei Menge i, i = 1,2
x_i	=	Menge i, i= 1,2

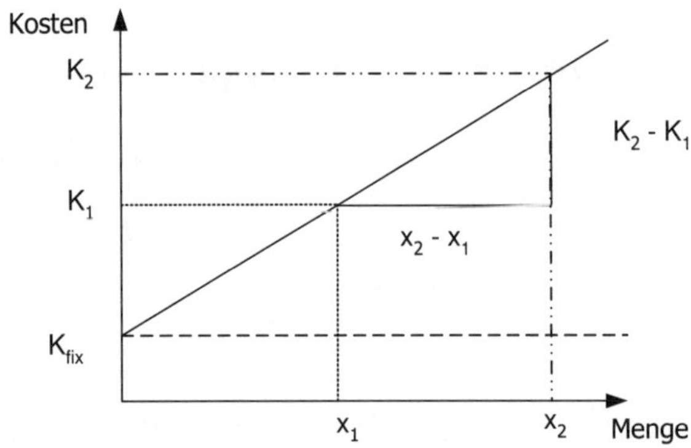

Abb. 6.2: Gesamtkostenverlauf

Beispiel:

K_{fix}: 1.000

Menge in Stück	Gesamtkosten
50	4.500
70	5.900

$$k_{var} = \frac{5.900 - 4.500}{70 - 50} = 70,\text{- pro St.}$$

6.2.3 Statistisch-graphische Methode

Bei der statistisch-graphischen Methode werden die in der betrieblichen Realität beobachteten Kombinationen aus Gesamtkosten und Leistungsmenge in ein Koordinatensystem übertragen. Man erhält so ein aus vielen einzelnen Wertepaaren bestehendes Streuungsdiagramm und versucht nun, aus der Punktverteilung eine geeignete Funktion zur Beschreibung der Beziehung zwischen Gesamtkosten und Leistungsmenge zu ermitteln. Der Ordinatenabschnitt stellt die fixen Kosten dar.

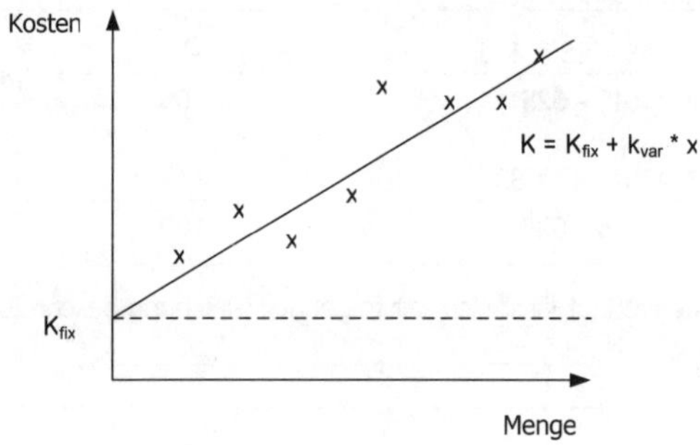

Abb. 6.3: Streupunktdiagramm mit Ausgleichgeraden

Der Ordinatenabschnitt und der Anstieg der Geraden lassen sich mit Hilfe der Methode der kleinsten Quadrate ermitteln.

$K = K_{fix} + k_{var} * x$

mit den Bestimmungsgleichungen:

$$K_{fix} = \frac{\Sigma K_i \Sigma x_i^2 - \Sigma x_i \Sigma x_i K_i}{n \Sigma x_i^2 - (\Sigma x_i)^2}$$

$$k_{var} = \frac{n \Sigma x_i K_i - \Sigma x_i \Sigma K_i}{n \Sigma x_i^2 - (\Sigma x_i)^2}$$

Beispiel:

Beobachtung	Menge x_i	Gesamtkosten K_i	$x_i K_i$	x_i^2
1	5	14,-	70	25
2	4	12,-	48	16
3	6	22,-	132	36
4	2	10,-	20	4
5	8	25,-	200	64
Σ	**25**	**83,-**	**470**	**145**

$(\Sigma x_i)^2 = 625$

$$K_{fix} = \frac{83 * 145 - 25 * 470}{5 * 145 - 625} = \frac{285}{100} = 2{,}85$$

$$k_{var} = \frac{5 * 470 - 25 * 83}{5 * 145 - 625} = \frac{275}{100} = 2{,}75$$

Der linearisierte Kostenverlauf lässt sich mit folgender Gleichung beschreiben:

$K = 2{,}85 + 2{,}75 * x$

Das Verfahren liefert das relativ genaueste Ergebnis. Voraussetzung für die Genauigkeit ist jedoch, dass es eine genügend große Anzahl von Messwerten gibt und dass Mengen und Kosten positiv korrelieren.

6.3 Verfahren der Teilkostenrechnung

In der Teilkostenrechnung werden nur die variablen Kosten den Produkten (Kostenträgern) zugerechnet. Die fixen Kosten hingegen werden zwar in der Kostenrechnung erfasst, jedoch nicht den einzelnen Produkten zugeordnet.

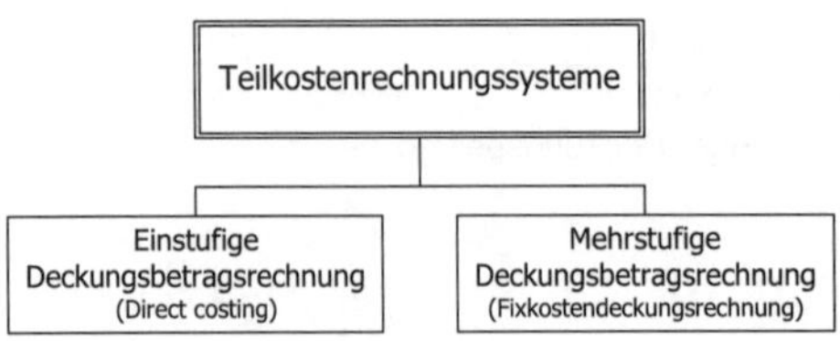

Abb. 6.4: Teilkostenrechnungssysteme

6.3.1 Einstufiger Deckungsbeitrag

Bei der einstufigen Deckungsbeitragsrechnung (Direct costing) erfolgt eine klare Trennung zwischen fixen und variablen Kosten. Bei der einstufigen Deckungsbeitragsrechnung wird vereinfachend der gesamte Fixkostenblock als Unternehmensfixkosten behandelt und zur Ermittlung des Betriebserfolges vom Deckungsbeitrag subtrahiert.

	Umsatzerlöse
-	Variable Kosten
=	Deckungsbeitrag
-	Fixkosten
=	Betriebserfolg

o Einproduktbetrieb

Betriebserfolg = $(e - k_{var}) * x - K_{fix}$

o Mehrproduktbetrieb

$$\text{Betriebserfolg} = \sum_{i=1}^{n} (e_i - k_{var\,i}) * x - K_{fix}$$

Produkte	**I**	**II**	**III**
Umsatzerlöse	E_1	E_2	E_3
- variable Kosten	$K_{var\,1}$	$K_{var\,2}$	$K_{var\,3}$
= Deckungsbeitrag	DB_1	DB_2	DB_3
- Fixkosten		K_{fix}	
= Betriebserfolg		G	

Tab. 6.2. Stückbezogener Deckungsbeitrag

Beispiel:			
Produkte	**I**	**II**	**III**
x	1.000 Stk.	500 Stk.	700 Stk.
e	1,00	4,50	2,00
k_{var}	0,60	2,00	0,70
K_{fix}: 1.000,-			
e	1,00	4,50	2,00
- k_{var}	0,60	2,00	0,70
= db	0,40	2,50	1,30
= DB (db * x)	400,-	1.250,-	910,-
Summe der DBs		2.560,-	
- Kfix		1.000,-	
= **Betriebserfolg**		**1.560,-**	

6.3.2 Mehrstufiger Deckungsbeitrag

Beispiel:								
	Produktgruppe A		Produktgruppe B		Produktgruppe C		Produktgruppe D	
	A_1	A_2	B_1	B_2	C_1	C_2	D_1	D_2
Umsatzerlöse	5,00	7,00	8,00	4,00	9,00	7,00	8,00	3,00
- variable Kosten	2,00	3,00	6,00	1,00	7,00	4,00	4,00	1,00
= Deckungsbeitrag I	*3,00*	*4,00*	*2,00*	*3,00*	*2,00*	*3,00*	*4,00*	*2,00*
- Produktfixkosten	0,50	0,80	0,20	0,60	0,10	0,15	0,25	0,30
= Deckungsbeitrag II	*2,50*	*3,20*	*1,80*	*2,40*	*1,90*	*2,85*	*3,75*	*1,70*
- Produktgruppen-fixkosten	1,70		2,20		3,00		1,45	
= Deckungsbeitrag III	*4,00*		*2,00*		*1,75*		*4,00*	
- Kostenstellen-fixkosten	3,00				0,75			
= Deckungsbeitrag IV	*3,00*				*4,00*			
- Unternehmens-fixkosten	2,50							
= Betriebserfolg	*4,50*							

Bei der mehrstufigen Deckungsbeitragsrechnung werden Fixkosten nicht als ein Block behandelt, sondern in Produkt-, Produktgruppen-, Kostenstellen-, Bereichs- und Unternehmensfixkosten aufgeschlüsselt und anschließend in mehreren Stufen verrechnet. Bei der mehrstufigen Deckungsbeitragsrechnung geht man davon aus, dass sich der Fixkostenblock in eine entscheidungsabhängige Stufenhierarchie gliedern lässt. Hierarchisch werden zuerst die Fixkosten abgegrenzt, deren Anfall am unmittelbarsten an die Existenz eines Produktes (Kostenträgers) gebunden ist. Die letzte Stufe bilden in jedem Fall die Unternehmensfixkosten. Sie werden für die grundsätzliche Leistungsbereitschaft und -fähigkeit aufgewendet.

6.4 Anwendungsbereiche der Deckungsbeitragsrechnung

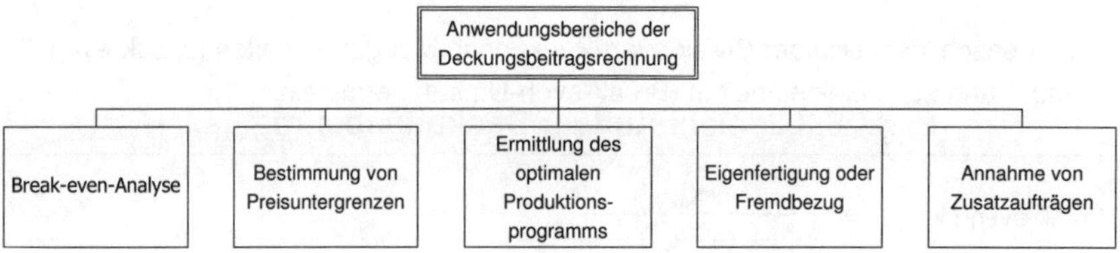

Abb. 6.5: Anwendungsbereiche der Deckungsbeitragsrechnung

6.4.1 Break- even-Analyse

Die Break-even-Analyse verdeutlicht den Zusammenhang zwischen Umsatz, Kosten, Beschäftigung und Gewinn deutlich. eicht die Summe aller Deckungsbeiträge aus, die fixen Kosten zu decken, so ist der Break-even-Punkt (Gewinnschwelle) erreicht. Im Break-even-Punkt entsprechen die Gesamterlöse den Gesamtkosten. Wird der Break-even-Punkt nicht erreicht, so befindet sich der Betrieb in der Verlustzone; wird er überschritten, tritt der Betrieb in die Gewinnzone ein.

Gesamterlöse =	Gesamtkosten	
$e * x$	=	$K_{fix} + k_{var} * x$
$e * x - k_{var} * x$	=	K_{fix}
$x * (e - k_{var})$	=	K_{fix}

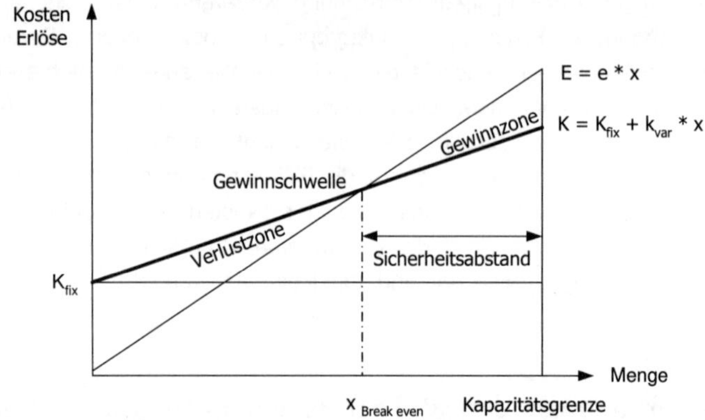

Abb. 6.6: Break-even-Analyse

Rechnerisch lässt sich der Break-even-Punkt nach Mengeneinheiten (Break-even-Menge) und nach Geldeinheiten (Break-even-Umsatz) ermitteln.

$$\text{Break-even-Menge} = \frac{K_{fix}}{(e - k_{var})}$$

$$\text{Break-even-Umsatz} = \frac{K_{fix}}{1 - \frac{k_{var}}{e}}$$

Der Sicherheitsabstand sagt aus um wie viel Prozent der Break-even-Umsatz unter dem tatsächlichen Umsatz liegt.

$$\text{Sicherheitsabstand} = \left(1 - \frac{K_{fix}}{(e - k_{var}) * x_{eff}}\right) * 100$$

x_{eff}: tatsächliche Menge bzw. Kapazitätsgrenze

Beispiel:

K_{fix}:	30.000,-
e:	10,-
k_{var}:	4,-
x_{eff}:	8.000 St.

$$\text{Break even-Menge} = \frac{30.000}{(10 - 4)} = 5.000 \text{ St.}$$

$$\text{Break even-Umsatz} = \frac{30.000}{1 - \frac{4}{10}} = 50.000,-$$

$$\text{Sicherheitsabstand} = \left(1 - \frac{30.000}{(10 - 4) * 8.000}\right) * 100 = 62,5\%$$

Der Sicherheitsabstand besagt, dass der Umsatz bzw. die Absatzmenge um 62,5% zurückgehen könnte, bis das Unternehmen in die Verlustzone gerät.

Die Auswirkungen auf den Break-even-Umsatz bei Preissenkungen und bei Erhöhung bzw. Senkung der Kosten zeigen die folgenden Schaubilder.

Preissenkung

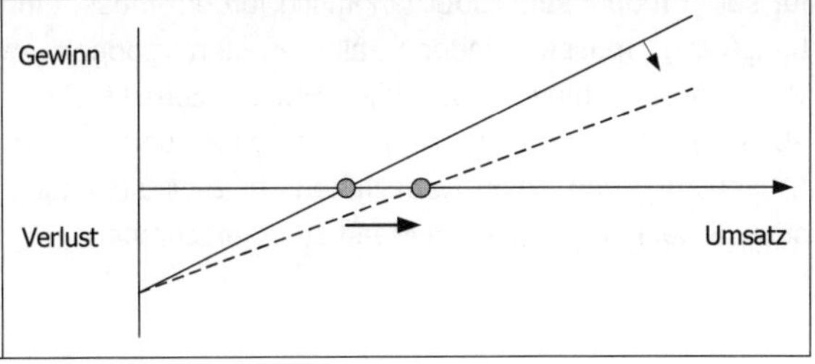

Abb. 6.7: Verschiebungen des Break-even-Umsatzes bei Preissenkung

Erhöhung der fixen Kosten

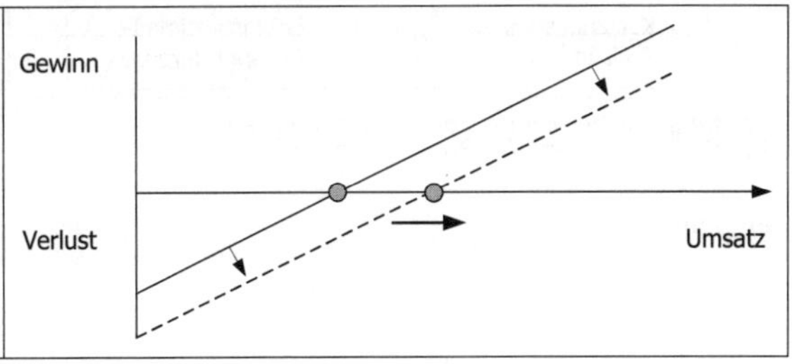

Abb. 6.8: Verschiebungen des Break-even-Umsatzes bei Erhöhung von K_{fix}

Senkung der variablen Kosten	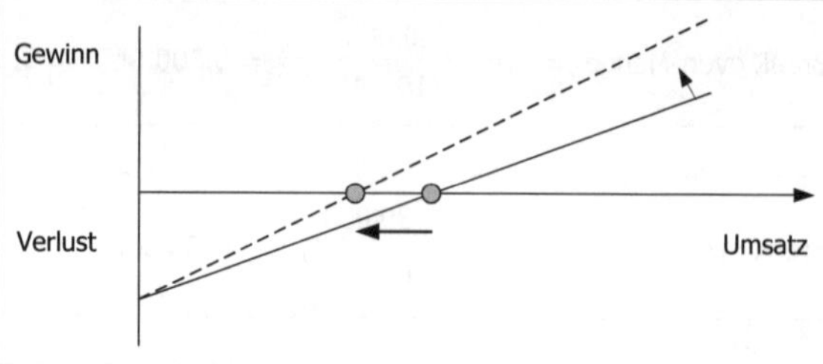

Abb. 6.9: Verschiebungen des Break-even-Umsatzes bei Senkung von k_{var}

6.4.2 Bestimmung von Preisuntergrenzen

Grundsätzlich bildet sich für die überwiegende Zahl der Produkte der Verkaufspreis am Markt. Jedoch können Unternehmen in wirtschaftlich schlechten Zeiten, die durch Absatzrückgang gekennzeichnet sind, gezwungen sein, die Verkaufspreise zu senken. Die Preisuntergrenze gibt dabei den Verkaufspreis an, den das Unternehmen für sein Produkt kurz- oder langfristig fordern muss, um auch weiterhin zu bestehen. Langfristig müssen jedoch alle Kosten gedeckt werden und der gesamte Werteverzehr muss über die Preise zurückfließen. Kurzfristig kann es aus absatzpolitischen (hoher Konkurrenzdruck) und aus kostenrechnerischen Gründen (Ausnutzung von freien Kapazitäten zur Erwirtschaftung weiterer Deckungsbeiträge) sinnvoll sein, die Preise am Markt zu unterschreiten.

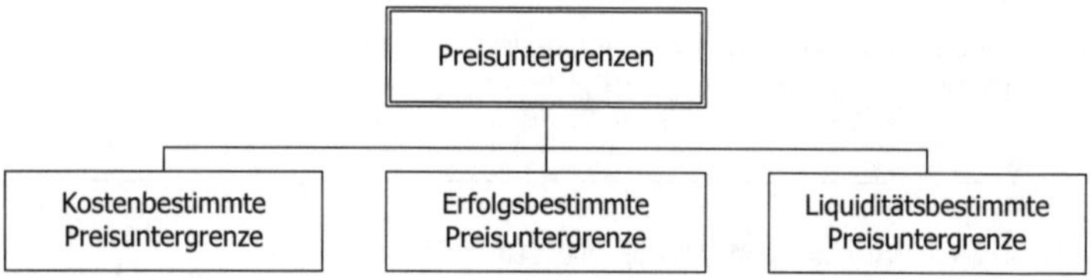

Abb. 6.10: Arten von Preisuntergrenzen

6.4.2.1 Kostenbestimmte Preisuntergrenze

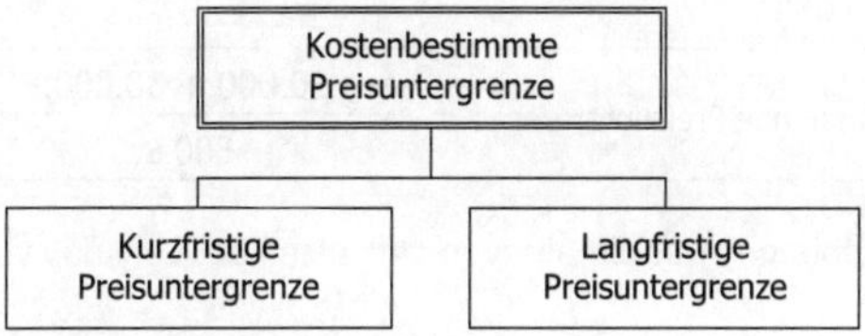

Abb. 6.11: Kostenbestimmte Preisuntergrenze

- **Kurzfristige kostenbestimmende Preisuntergrenze**
  Die kurzfristige kostenbestimmende Preisuntergrenze liegt da, wo gerade die variablen Kosten des Produktes gedeckt sind:

Kurzfristige kostenbestimmende Preisuntergrenze = k_{var}

Beispiel:

x:	500 Stück
e:	50.000,-
K_{var}:	30.000,-
K_{fix}:	10.000,-

Kurzfristige kostenbestimmende Preisuntergrenze = $\frac{30.000,-}{500\ St.}$ = 60,- pro St.

- **Langfristige kostenbestimmende Preisuntergrenze**
  Langfristig muss der gesamte Werteverzehr über die Preise erwirtschaftete werden, d.h. es müssen die fixen und variablen Kosten durch die Preise abgedeckt werden.

Langfristige kostenbestimmende Preisuntergrenze = $K_{fix} + K_{var}$

Beispiel:

x:	500 Stück
e:	50.000,-
K_{var}:	30.000,-
K_{fix}:	10.000,-

$$\text{Kurzfristige kostenbestimmende Preisuntergrenze} = \frac{10.000 + 30.000,-}{500 \text{ St.}} = 80,- \text{ pro St.}$$

6.4.2.2 Erfolgsbestimmte Preisuntergrenze

In einem Mehrproduktunternehmen kann der Absatz eines Produktes von dem Absatz eines anderen Produktes aus der Produktgruppe abhängig sein. In einem solchen Fall ist es nicht sinnvoll, ein Produkt aus dem Sortiment zu nehmen, weil es die kostenbestimmende Preisgrenze unterschreitet, da dann auch der Absatz eines anderen Produktes leiden würde. In diesen Fall wird die Preisuntergrenze vom Erfolg der gesamten Produktgruppe bestimmt.

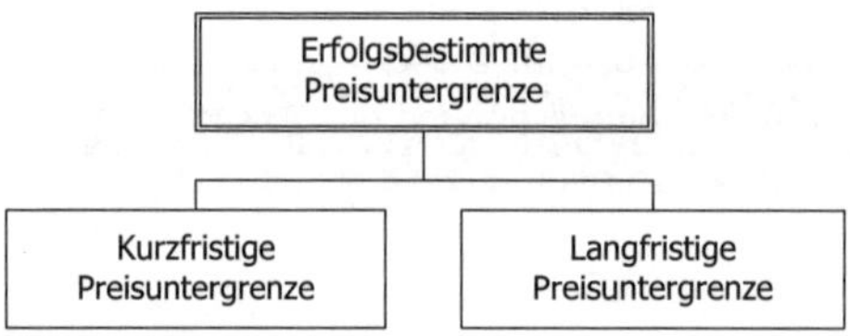

Abb. 6.12: Erfolgsbestimmte Preisuntergrenze

- **Kurzfristige erfolgsbestimmende Preisuntergrenze**
  Die kurzfristige erfolgsbestimmende Preisuntergrenze liegt da, wo gerade die variablen Kosten des Produktes gedeckt sind:

$$\text{Kurzfristige erfolgsbestimmende Preisuntergrenze} = k_{var}$$

- **Langfristige erfolgsbestimmende Preisuntergrenze**
  Langfristig muss der gesamte Werteverzehr über die Preise erwirtschaftete werden, d.h. es müssen die fixen und variablen Kosten durch die Preise abgedeckt werden. Solange die Produktgruppe insgesamt positive

Deckungsbeiträge erwirtschaftet, können bei einzelnen Produkten negative Deckungsbeiträge in Kauf genommen werden.

Langfristige erfolgsbestimmende Preisuntergrenze = $K_{fix} + K_{var}$

Beispiel:

Produkt	Deckungsbeiträge pro Stück vor Preissenkung bei Produkt II	Deckungsbeiträge pro Stück *nach* Preissenkung bei Produkt II
I	25,-	25,-
II	10,-	-5,-
III	30,-	30,-
Summe	**65,-**	**50,-**

6.4.2.3 Liquiditätsbestimmte Preisuntergrenze

Leidet das Unternehmen an Liquiditätsschwierigkeiten, so kann es in der Preisgestaltung auf solche Kosten verzichten, die nicht unmittelbar zu Auszahlungen führen (z.B. kalkulatorische Kosten). Dieser Verzicht ist jedoch nur dann sinnvoll, wenn über die Preissenkung eine Erhöhung des Absatzes und damit verbunden eine Verbesserung der Liquiditätssituation erreicht werden kann.

6.4.3 Ermittlung des optimalen Produktionsprogramms

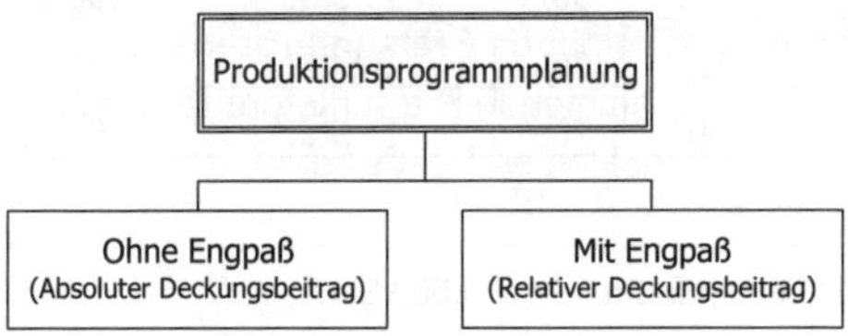

Abb. 6.13: Arten der Produktionsprogrammplanung

- **Produktionsprogrammplanung ohne Engpass**
  Unter der Voraussetzung ausreichender Kapazitäten wird die Produktionsrangfolge anhand der Höhe der Deckungsbeiträge je Stück getroffen.

Beispiel:

Produkt	e	- k_{var}	= db
I	10,-	8,-	2,-
II	8,-	4,-	4,-
III	12,	5,	7,-
IV	15,-	9,-	6,-
V	7,-	3,50	3,50

Die Rangfolge der Produktion ist: III – IV – II – V – I

- **Produktionsprogrammplanung mit Engpass**
  Stehen nicht ausreichende Produktionskapazitäten zur Verfügung, so wird die Rangfolge anhand der Höhe der Deckungsbeiträge pro Maschinenstunden (relativer Deckungsbeitrag) gebildet.

$$\text{Relativer Deckungsbeitrag} = \frac{\text{Deckungsbeitrag pro Stück}}{\text{Maschinenstunde}}$$

Beispiel:

Maximale Maschinenstunden: 9.500 Std.

Produkt	e	k_{var}	db	Fertigungszeit je Stück	Fertigungs-mengen	rel. db
I	250,-	160,-	90,-	15 Std.	400 St.	6,- pro Std.
II	120,-	90,-	30,-	3 Std.	1.000 St.	10,- pro Std.
III	210,-	140,-	70,-	10 Std.	500 St.	7,- pro Std.

Die Rangfolge der Produktion ist: II – III – I

II	1.000 Stk. * 3 Std.	= 3.000 Std.
III	500 Stk. * 10 Std.	= 5.000 Std.
I	*100 Stk.* * 15 Std.	= 1.500 Std.

Aufgrund des Kapazitätsengpasses von 9.500 Maschinenstunden können vom Produkt I nur 100 Stück hergestellt werden.

6.4.4 Eigenfertigung oder Fremdbezug

Bei der Entscheidung über Eigenfertigung oder Fremdbezug (Make-or-buy-Entscheidung) vergleicht man die eigenen variablen Kosten mit dem Einstandspreis des Fremdanbieters. Liegen die variablen Kosten über dem angebotenen Einstandspreis, sollten die Produkte fremdbezogen werden, liegen sie darunter, erfolgen sie in Eigenfertigung.

Es sollte fremd bezogen werden, wenn gilt:

$$K_{fix} * k_{var} + x > k_{fremd} * x$$

k_{fremd} : Einstandpreis für Fremdbezug

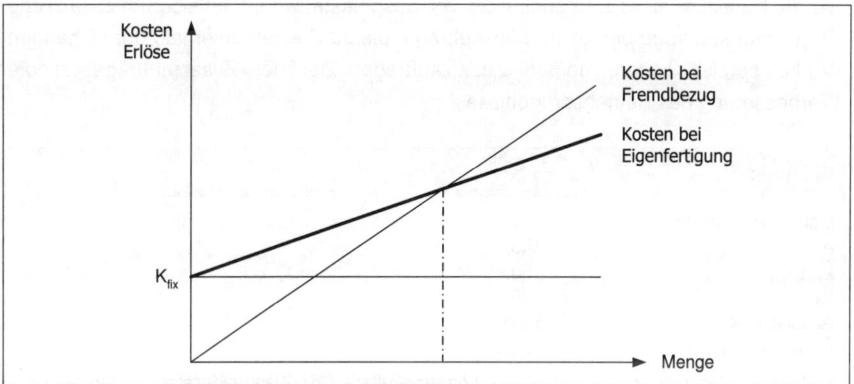

Abb. 6.14: Eigenfertigung oder Fremdbezug

Ermittlung der kritischen Menge, ab der sich langfristig die Eigenfertigung lohnt:

$$x_{krit} = \frac{K_{fix}}{k_{fremd} - k_{Var}}$$

Beispiel:

Leistungsmengen Fahrdienst:	100.000 km
K_{fix}:	110.000,-
k_{var}:	0,50 pro km

Es liegt ein Angebot eines Taxi-Unternehmens vor. Das Taxi-Unternehmen ist bereit für 1,50 pro km zu fahren. Sollte man dieses Angebot annehmen?

$$x_{krit} = \frac{110.000}{1,50 - 0,50} = 110.000 \text{ km}$$

Ja, bis 110.000 km ist das Taxi-Unternehmen kostengünstiger.

6.4.5 Annahme von Zusatzaufträgen

Ist die Kapazität eines Betriebes nicht voll ausgelastet wird, man sich um zusätzliche Produktionsaufträge bemühen. Alle Aufträge, die zu Preisen unterhalb der bisherigen Verkaufspreise liegen, heißen Zusatzaufträge. Ziel der Zusatzaufträge ist die Verbesserung des Betriebsergebnisses.

Beispiel:

bisherige Situation:

e:	100,-
k_{var}:	60,-
K_{fix}:	20.000,-
Absatzmenge:	1.000 Stück
Maximale Kapazität:	2.000 Stück

Es liegt ein Zusatzauftrag vor, demnach können weitere 300 Stück abgesetzt werden jedoch zum Preis von 70,-.

Betriebserfolg bisher			Betriebserfolg mit Zusatzauftrag		
Erlöse			Erlöse		
100,- * 1.000 Stk.	=	100.000,-	100,-*1.000 + 70,- *300 =		121.000,-
- K_{var}			- K_{var}		
60,- * 1.000 Stk.	=	- 60.000,-	60,- * 1.300 Stk.	=	- 78.000,-
= *DB*	=	*40.000.-*	= *DB*	=	*43.000.-*
- K_{fix}	=	- 25.000,-	- K_{fix}	=	- 25.000,-
= Gewinn	**=**	**15.000,-**	**= Gewinn**	**=**	**18.000,-**

Aus kostenrechnerischer Sicht kann ein Zusatzauftrag angenommen werden, wenn der Erlös aus dem Zusatzauftrag die zusätzlichen variablen Kosten deckt.

Literaturverzeichnis

BOSSE, C., GÖTZE, U. (2004): Kostenrechnung und Kostenmanagement, Berlin.

COENENBERG A. G. (2003): Kostenrechnung und Kostenanalyse, 5. Aufl., Landsberg am Lech.

COENENBERG, A. G. (2003), Kostenrechnung und Kostenanalyse: Aufgaben und Lösungen, 3. Aufl., Landsberg am Lech.

DÄUMLER, K.-D., GRABE, J. (1997): Kostenrechnung 2,Deckungsbeitragsrechnung, 6. Aufl., Herne/ Berlin.

DÄUMLER, K.-D., GRABE, J. (2000):Kostenrechnung 1, Grundlagen, 8. Aufl., Herne/ Berlin.

EISELE, W., (1999): Technik des betrieblichen Rechnungswesens, Buchführung, Kostenrechnung, Sonderbilanzen, 6. Aufl., München.

FREIDANK, C–CHR. (2001): Kostenrechnung, München .

FREIDANK, C.-CHR., FISCHBACH, S. (2002): Übungsbuch zur Kostenrechnung, München.

FRIEDL, B. (2003): Controlling. Stuttgart.

FRIEDL, B. (2004): Kostenrechnung. Grundlagen, Teilrechnungen und Systeme der Kostenrechnung, München/ Wien.

GROB, H. L., BENSBERG, F. (2005): Kosten- und Leistungsrechnung. Theorie und SAP-Praxis. München.

HABERSTOCK, L. (2002): Kostenrechnung I Einführung, 11. unveränder. Aufl., Berlin.

HABERSTOCK, L. (1999): Kostenrechnung II (Grenz-) Plankostenrechnung, 8. unveränder. Aufl., Berlin.

HEINHOLD, M. (2004): Kosten- und Erfolgsrechnung in Fallbeispielen, Stuttgart.

HUNGENBERG, H., KAUFMANN, L. (2001): Kostenmanagement, München.

HORVATH, P. (2004): Controlling, 9. Aufl., München.

JORASZ, W. (2003): Kosten- und Leistungsrechnung. Einführung mit Aufgaben und Lösungen, Landsberg am Lech.

KILGER, W., PAMPEL, J., VIKAS, K. (2002): Flexible Plankostenrechnung und Deckungsbeitragsrechnung, 11. Aufl., Wiesbaden.

KILGER, W. (1992): Einführung in die Kostenrechnung, 3. Aufl., Wiesbaden.

KÜPPER, H.-U., SCHWEITZER, M. (2003): Systeme der Kosten- und Erlösrechnung, 8. Aufl., München.

MACHA , R. (2003): Grundlagen der Kosten- und Leistungsrechnung, München.

OLFERT, K. (2003): Kostenrechnung, 13. Aufl., Ludwigshafen.

PLINKE, W.(2005): Industrielle Kostenrechnung, 7. Aufl., Berlin.

WEBER, J., WEIßENBERGER, B. E. (2006): Einführung in das Rechnungswesen, Kostenrechnung und Bilanzierung, Landsberg am Lech.

WÖHE, G. (2002): Einführung in die Allgemeine Betriebswirtschaftslehre, 21. neubearb. Aufl., München.

ZIMMERMANN, E. (2002): Leistungsrechnung, München/Berlin.

ZIMMERMANN, G. (2001): Grundzüge der Kostenrechnung, 8. Aufl., München/ Wien.

Stichwortverzeichnis

Abzugskapital ... 40, 41
Allgemeine Kostenstellen ... 47
Anbauverfahren ... 52, 53
Anderskosten ... 9, 32
Anschaffungskosten . 29, 33, 34, 35, 40
Äquivalenzziffernkalkulation ... 60, 64
Aufwand ... 6, 8, 9, 32, 39, 42
Ausgabe ... 6, 7, 8, 9, 47
Auszahlung ... 6, 7, 8, 9
BAB ... 48, 49, 55, 61, 67
Befundmethode ... 27
Beschäftigungsabweichung .. 15, 16, 17
Beständerechnung ... 2
Beständewagnis ... 43
Bestandsdifferenzrechnung ... 27
Betriebsabrechnungsbogen ... 48, 49
Betriebserfolg ... 75, 76, 81, 82, 92
Betriebsertrag ... 6
Betriebsnotwendiges Umlaufvermögen ... 40, 41
Betriebsnotwendiges Kapital ... 39, 40
Betriebsnotwendiges Vermögen ... 40
Betriebsteuerung ... 4
Bewegungsrechnung ... 2
Bezugsgrößenkalkulation ... 70
Bilanzrechnung ... 2, 3
Blockumlage ... 52
Break-even-Analyse ... 83, 84
Break-even-Punkt ... 83, 84
Deckungsbeitrag ... 76, 81, 82, 90
Deckungsbeitragsrechnung 18, 76, 81, 83, 93, 94
Degressive Kosten ... 24
Dienstleistungskosten ... 44
Direct costing ... 81
Dispositionsaufgaben ... 2
Divisionskalkulation .. 60, 61, 62, 63, 72
Durchschnittskosten ... 22, 23, 24, 25
Durchschnittswertverzinsung ... 40
Eigenfertigung oder Fremdbezug ... 91
Einnahme ... 6, 7
Einstandspreisen ... 29
Einstufige Divisionskalkulation ... 61
Einzahlung ... 6
Einzelfertigung ... 60
Einzelkosten ... 19, 21, 49, 56, 67, 68
Einzelwagnisse ... 42, 43
Endkostenstellen ... 46, 52, 53
Entwicklungswagnis ... 43
Ertrag ... 6, 8
Fertigungsgemeinkostenzuschlags-satz ... 55, 69
Fertigungshilfskostenstelle ... 47
Fertigungskostenstellen ... 47
Fertigungswagnis ... 43
Festpreisverfahren ... 29
Finanzrechnung ... 3
Fortschreibungsmethode ... 28
Fremdleistungskosten ... 44
Geldvermögens ... 6
Gemeinkosten ... 12, 19, 20, 21, 32, 45, 49, 50, 51, 52, 53, 55, 56, 61, 67, 68, 70, 75
Geometrisch degressive Ab-schreibung ... 37
Gesamtkosten 9, 22, 23, 24, 25, 43, 61, 62, 64, 65, 71, 72, 74, 75, 77, 78, 79, 80, 83
Gesamtkostenverfahren ... 74
Gewinn- und Verlustrechnung ... 2
Gewinnschwelle ... 83
Gleichungsverfahren ... 54, 55
Gleitender Durchschnittspreis ... 30
Grenzkosten ... 12, 22, 23, 24, 25

Grundkosten 9
Hauptkostenstellen..46, 49, 51, 52, 53, 54, 55
Herstellkosten....33, 43, 51, 55, 56, 59, 60, 62, 64, 69, 70, 72, 73, 74
Hilfskostenstellen.....45, 46, 47, 49, 52, 53, 54
innerbetriebliche Leistungsverrechnung.......45, 49, 51
Inventurmethode.........................27, 28
Investitionsrechnung...........................3
Istkostenrechnung 13
Istpreisverfahren..............................29
Kalkulation.....4, 15, 45, 47, 51, 58, 60, 61, 63, 64, 71
Kalkulatorische Abschreibung 33
Kalkulatorische Kosten...........9, 32, 33
Kalkulatorische Miete 42
Kalkulatorische Zinsen......................39
Kalkulatorischer Ausgangswert .35, 36, 37, 38
Kalkulatorischer Unternehmerlohn ...41
Kapitalwerterhaltung........................33
Kostenartenrechnung 4, 15, 18, 19, 32, 45, 49, 65
Kostenremanenz 76, 77
Kostenspaltung................................77
Kostenstelleneinzelkosten 20, 49, 50
Kostenstellengemeinkosten..20, 49, 50
Kostenstellenrechnung....4, 16, 18, 45, 61, 62, 67, 73
Kostenträgereinzelkosten 20
Kostenträgergemeinkosten...............20
Kostenträgerrechnung.....4, 13, 14, 16, 18, 45, 55, 58, 59
Kostenträgerstückrechnung....4, 59, 60
Kostenträgerzeitrechnung.4, 59, 73, 74
Kuppelfertigung 60
Kuppelkalkulation 60, 71
kurzfristige Erfolgsrechnung 15
Leistung.............................6, 9, 22, 31
Leistungsbeziehungen................45, 48
Lineare Abschreibung..................... 35
Liquidationserlös........................ 35, 36
Make-or-buy-Entscheidung............. 91
Marktpreisäquivalenzziffernmethode 72
Massenfertigung 60
Materialgemeinkostenzuschlagssatz 55, 69
Materialkosten ...26, 29, 55, 56, 63, 66, 69, 70
Materialkostenstellen 47
Materialverbrauchsmengen 26, 28
Mehrstufige Divisionskalkulation...... 63
Mengenschlüssel 51
Mittelherkunft 2
Mittelverwendung.............................. 2
Normalkostenrechnung............. 12, 13
Nutzungsdauer ...33, 34, 35, 36, 37, 38
Opportunitätskosten.................. 39, 41
Periodischer Durchschnittspreis 29, 30
Personalkosten....................19, 31, 32
Plankostenrechnung 12, 14, 15, 16, 58, 93, 94
Plankostensatz 15, 16
Planungsaufgaben...................... 2, 59
Preisuntergrenze 86, 87, 88, 89
Produkte ..4, 27, 46, 47, 51, 58, 60, 64, 71, 74, 75, 76, 81, 82, 86, 91
Produktionsprogrammplanung... 89, 90
Progressive Kosten......................... 25
Prozesskostenkalkulation 60
Reinvermögens.................................. 6
Restwertrechnung........................... 71
Restwertverzinsung 40
Retrograde Methode....................... 27
Rückrechnung................................. 27
Sekundäre Gemeinkosten 49
Selbstkosten 59, 62, 68, 69, 70, 75
Serienfertigung 60
Sicherheitsabstand 84, 85
Skontraktionsmethode 28
Soll- / Ist-Abweichungen 1
Sollkosten 14, 16, 17

Sortenfertigung 60, 64
Steuerungsinformationen 5
Stromgrößen 6, 8, 9
Stufenleiterverfahren 53
Substanzerhaltung 33
Summarische Zuschlagskalkulation . 68
Tagespreise 29
Tageswerten 34
Tageswertfaktor 34, 35
Teilkostenrechnungssysteme 11, 12, 80
Treppenumlage 53
Umsatzkostenverfahren 59, 74, 75
Unternehmerwagnis 42
Verbrauchsabweichung 15, 16, 17
Verrechnungspreise 29, 51
Verteilungsrechnung 72
Vertriebsgemeinkostenzuschlagssatz 55, 69
Vertriebskostenstellen 47
Vertriebswagnis 43
Verwaltungsgemeinkosten-zuschlagssatz 55
Verwaltungskostenstellen 46
Vollkostenrechnungssysteme 11, 12
Vorkostenstellen 46, 53, 54
Wagniszuschlag 43, 44
Werkstoffkosten 26, 44
Wertschlüssel 50, 51
Wiederbeschaffungswert 34, 35
Zahlungsmittelbestands 6
Zusatzaufträge 92
Zusatzkosten 9, 18, 32
Zuschlagskalkulation 60, 67, 68, 69, 70
Zuschlagssatz 56, 68, 69, 70
Zweckaufwand 9
Zwischenkalkulation 58

Für eigene Notizen

Für eigene Notizen

Für eigene Notizen